例解钢筋工程实用技术系列

例解钢筋计算方法

LIJIE GANGJIN JISUAN FANGFA

李守巨◎主编

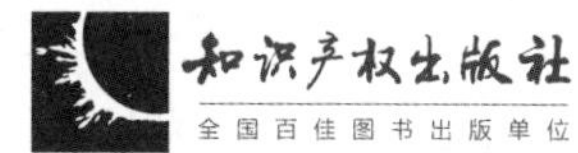

本书编写组

主　编　李守巨

参　编　徐　鑫　于　涛　王丽娟　成育芳
刘艳君　孙丽娜　何　影　李春娜
赵　慧　陶红梅　夏　欣

前　　言

所谓平法就是把结构构件尺寸和钢筋等，按照平面整体表示方法的制图规则，整体直接表达在各类构件的结构平面布置图上，再与标准构造详图相配合，构成一套完整的结构施工图的方法。平法的推广应用是我国结构施工图表示方法的一次重大改革，创造性设计和重复性设计的分离，更有利于设计师进行真正的创造设计；图纸量也大大减少，修改方便，争议也相对减少。不过对钢筋工程计算来说，需要学习平法的识图，需要有更强的空间理解能力，这使得一些即便有施工现场经历的钢筋工程计算人员也一时难以适应。基于此，我们组织编写了本书，以方便相关工作人员学习平法钢筋计算知识。

本书根据《11G101-1》《11G101-2》《11G101-3》《12G901-1》《12G901-2》《12G901-3》6本最新图集及《混凝土结构设计规范》（GB 50010—2010）、《建筑抗震设计规范》（GB 50011—2010）编写。全书共分为6章，包括基础钢筋计算、梁构件钢筋计算、柱构件钢筋计算、剪力墙构件钢筋计算、板构件钢筋计算及板式楼梯钢筋计算。本书内容丰富，通俗易懂，实用性强且方便查阅，可供设计人员、施工技术人员、工程造价人员及相关专业大中专师生学习参考。

由于编写时间仓促，编者经验、理论水平有限，本书难免有疏漏、不足之处，敬请广大读者给予批评、指正。

编　者

前　言

目　　录

1

基础钢筋计算

1.1 独立基础底板底部钢筋计算

常遇问题

1. 矩形独立基础底板配筋有何构造特点？
2. 独立基础底板配筋长度缩减10%构造做法有哪些？
3. 独立基础底板底部钢筋如何计算？

【计算方法】

◆矩形独立基础

（1）钢筋构造要点

矩形独立基础底板底部钢筋的一般构造如图1－1所示。

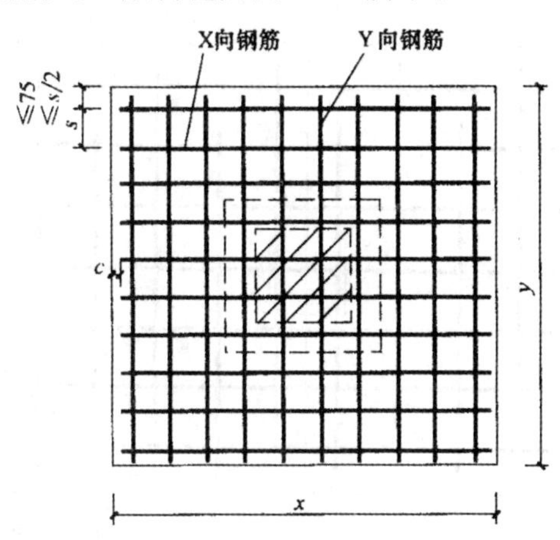

图1－1 矩形独立基础底筋一般构造

钢筋的计算包括长度和根数，其构造要点分别为：

1）长度构造要点："c"为钢筋端部混凝土保护层厚度，取值如表1－1所示。

表1－1 混凝土保护层的最小厚度 单位：mm

环境类别	板、墙	梁、柱
一	15	20
二a	20	25
二b	25	35
三a	30	40
三b	40	50

注 1. 表中混凝土保护层厚度指最外层钢筋外边缘至混凝土表面的距离，适用于设计使用年限为50年的混凝土结构。
2. 构建中受力钢筋的保护层厚度不应小于钢筋的公称直径。
3. 设计使用年限为100年的混凝土结构，一类环境中，最外层钢筋的保护层厚度不应小于表中数值的1.4倍；二、三类环境中应采取专门的有效措施。
4. 混凝土强度等级不大于C25时，表中保护层厚度数值应增加5mm。
5. 基础底面钢筋的保护层厚度，有混凝土垫层时应从垫层顶面算起，且不应小于40mm；无垫层时不应小于70mm。

2）根数计算要点："s"为钢筋间距，第一根钢筋布置的位置距构件边缘的距离是"起步距离"，独立基础底部钢筋的起步距离不大于 75mm 且不大于 $s/2$，数学公式可以表示为 min（75，$s/2$）。

（2）钢筋计算公式（以 X 向钢筋为例）

$$长度 = x - 2c$$

$$根数 = [y - 2 \times \min(75, s/2)]/s + 1$$

◆**长度缩减 10%的构造**

当底板长度不小于 2500mm 时，长度缩减 10%，分为对称和不对称两种情况。

（1）对称独立基础

1）钢筋构造要点。对称独立基础底板底部钢筋长度缩减 10%的构造如图 1-2 所示，其构造要点为：

当独立基础底板长度≥2500mm 时，除各边最外侧钢筋外，两向其他钢筋可相应缩减 10%。

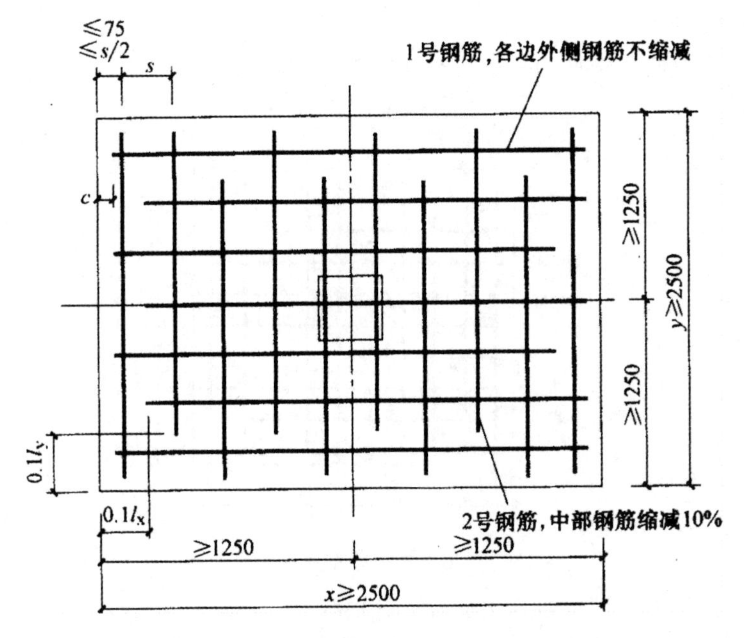

图 1-2 对称独立基础底筋长度缩减 10%的构造

2）钢筋计算公式（以 X 向钢筋为例）

① 各边外侧钢筋不缩减：1 号钢筋长度$=x-2c$

② 两向（X，Y）其他钢筋：2 号钢筋长度$=y-c-0.1l_x$

（2）非对称独立基础

1）钢筋构造要点。非对称独立基础底板底部钢筋缩减 10%的构造如图 1-3 所示，其构造要点为：当独立基础底板长度≥2500mm 时，各边最外侧钢筋不缩减；对称方向（见图 1-3 中的 Y 向）中部钢筋长度缩减 10%；非对称方向：当基础某侧从柱中心至基础底板边缘的距离<1250mm 时，该侧钢筋不缩减；当基础某侧从柱中心至基础底板边缘的距离不小于 1250mm 时，该侧钢筋隔一根缩减一根。

2）钢筋计算公式（以 X 向钢筋为例）

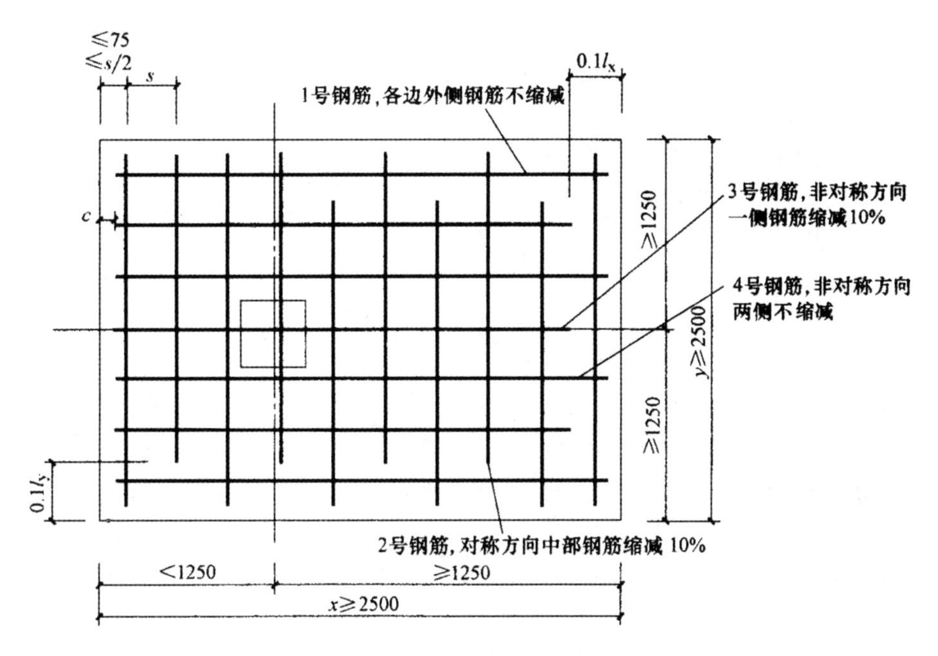

图 1-3 非对称独立基础底板底筋缩减 10%的构造

①各边外侧钢筋（1 号钢筋）不缩减：长度$=x-2c$

②对称方向中部钢筋（2 号钢筋）缩减 10%：长度$=y-c-0.1l_y$

③非对称方向（一侧不缩减，另一侧间隔一根错开缩减）：

3 号钢筋：长度$=x-c-0.1l_x$

4 号钢筋：长度$=x-2c$

【实　　例】

【例 1-1】 DJ_J1 平法施工图，如图 1-4 所示，其剖面示意图如图 1-5 所示。求 DJ_J1 的 X 向、Y 向钢筋。

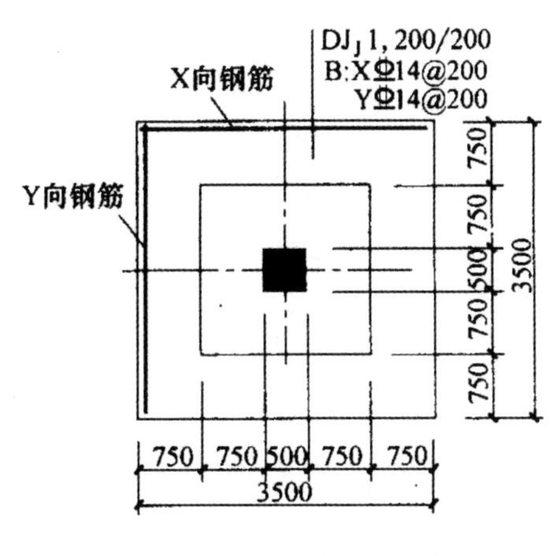

图 1-4 DJ_J1 平法施工图

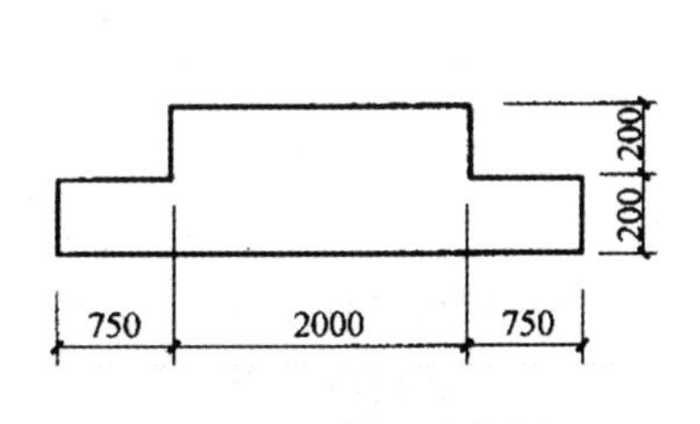

图 1-5 剖面示意图

【解】

(1) X 向钢筋

1）长度 $=x-2c$

$=3500-2\times40$

$=3420\text{mm}$

2）根数 $=[y-2\times\min(75, s/2)]/s+1$

$=(3500-2\times75)/200+1$

≈18 根

（2）Y 向钢筋

1）长度 $=y-2c$

$=3500-2\times40$

$=3420\text{mm}$

2）根数 $=[y-2\times\min(75, s/2)]/s+1$

$=(3500-2\times75)/200+1$

≈18 根

【例 1－2】 DJ_p2 平法施工图如图 1－6 所示，求 DJ_p2 的 X 向、Y 向钢筋。

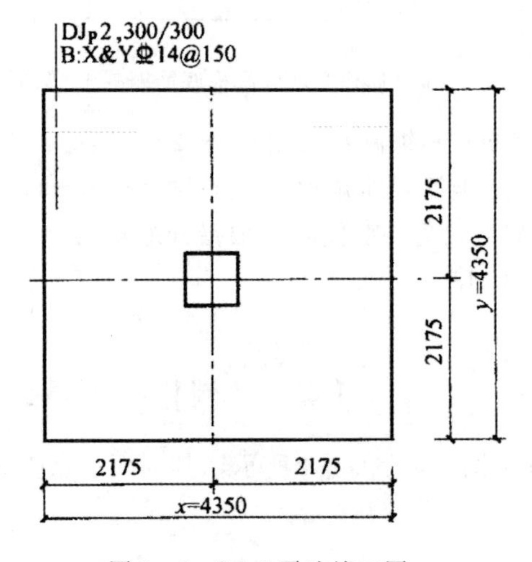

图 1－6　DJ_P2 平法施工图

【解】

DJ_P2 为正方形，X 向钢筋与 Y 向钢筋完全相同，本例中以 X 向钢筋为例进行计算，钢筋示意图如图 1－7 所示。计算过程如下：

（1）X 向外侧钢筋长度＝基础边长 $-2c$

$=x-2c$

$=4350-2\times40$

$=4270\text{mm}$

（2）X 向外侧钢筋根数＝2 根（一侧各一根）

（3）X 向其余钢筋长度＝基础边长 $-c-0.1\times$ 基础边长

$=x-c-0.1l_x$

$=4350-40-0.1\times4350$

$=3875\text{mm}$

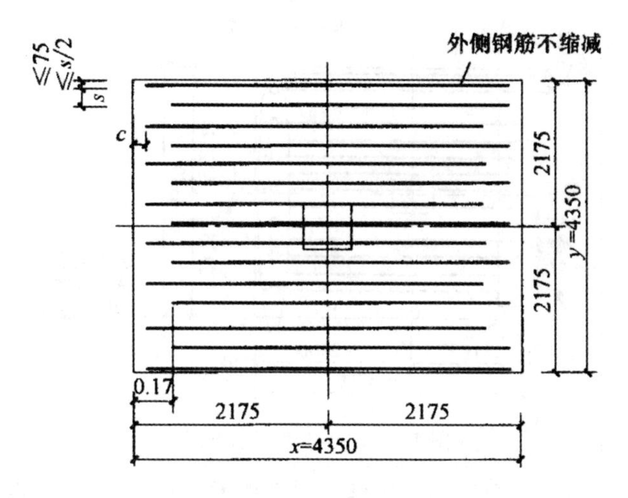

图 1-7 DJ_P2 钢筋示意图

(4) X 向其余钢筋根数 $=[y-2\times\min(75,s/2)]/s-1$

$=(4350-2\times75)/150-1$

$=27$ 根

【例 1-3】 DJ_P3 平法施工图如图 1-8 所示，求 DJ_P3 的 X 向、Y 向钢筋。

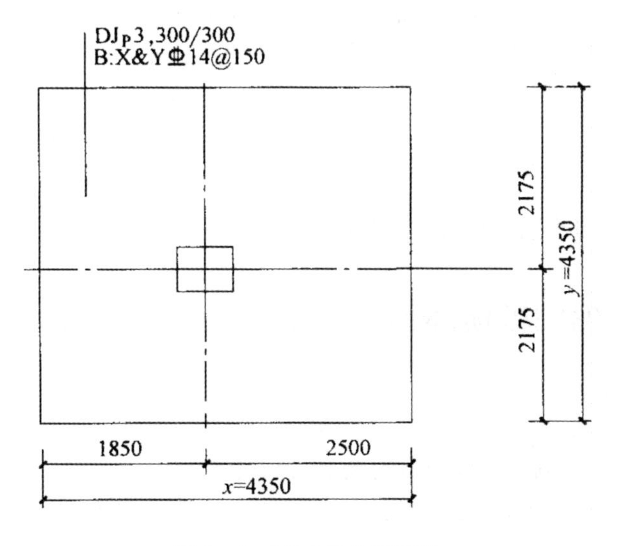

图 1-8 DJ_P3 平法施工图

【解】

本例 Y 向钢筋与【例 1-2】中 DJ_P2 完全相同，钢筋示意图如图 1-9 所示。本例讲解 X 向钢筋的计算过程如下：

(1) X 向外侧钢筋长度＝基础边长 $-2c$

$=x-2c$

$=4350-2\times40$

$=4270$mm

(2) X 向外侧钢筋根数＝2 根（一侧各一根）

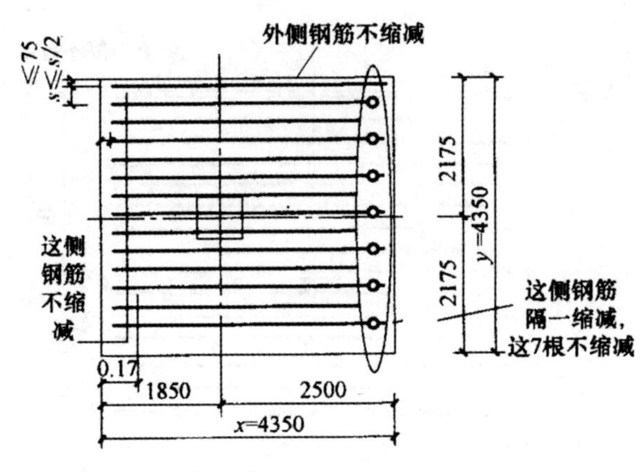

图 1-9　DJP3 钢筋示意图

（3）X 向其余钢筋（两侧均不缩减）长度（与外侧钢筋相同）$=x-2c$

$=4350-2\times40$

$=4270$mm

（4）根数$=\{[y-\min(75,s/2)]/s-1\}/2$

$=[(4350-2\times75)/150-1]/2$

≈14 根（右侧隔一缩减）

（5）X 向其余钢筋（右侧缩减的钢筋）长度＝基础边长$-c-0.1\times$基础边长

$=x-c-0.1l_x$

$=4350-40-0.1\times4350$

$=3875$mm

（6）根数＝14－1

＝13 根（因为隔一缩减，所以比另一种少一根）

1.2　多柱独立基础底板顶部钢筋计算

常遇问题

1. 双柱、四柱独立基础底板顶部钢筋构造有何特点？
2. 多柱独立基础底板钢筋如何计算？

【计算方法】

◆双柱独立基础底板顶部钢筋构造

双柱独立基础底板顶部钢筋，由纵向受力筋和横向分布筋组成，如图 1-10 所示。

对照图 1-10，钢筋构造要点如下：

（1）纵向受力筋

1）布置在柱宽度范围内纵向受力筋

长度＝柱内侧边起算长度＋两端锚固长度 l_a

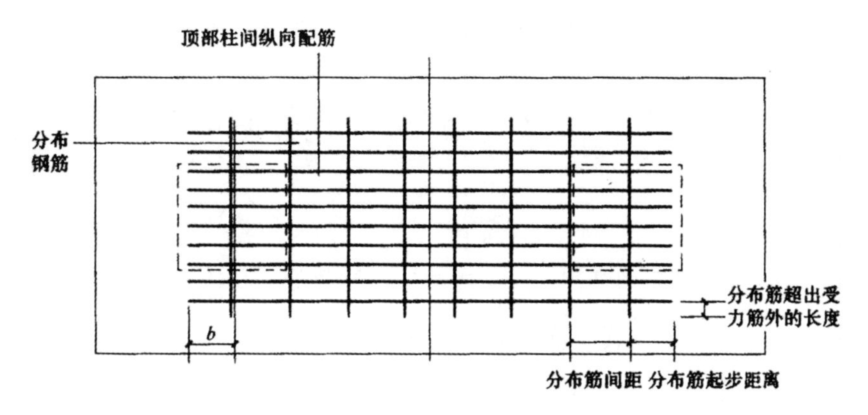

图 1-10 普通双柱独立基础顶部配筋

2）布置在柱宽度范围以外的纵向受力筋

长度=柱中心线起算长度+两端锚固长度 l_a

根数由设计标注。

（2）横向分布筋

长度=纵向受力筋布置范围长度+两端超出受力筋外的长度（取构造长度 150mm）

横向分布筋根数在纵向受力筋的长度范围布置，起步距离取“分布筋间距/2”。

◆四柱独立基础底板顶部钢筋构造

四柱独立基础底板顶部钢筋由纵向受力筋和横向分布筋组成，如图 1-11 所示。

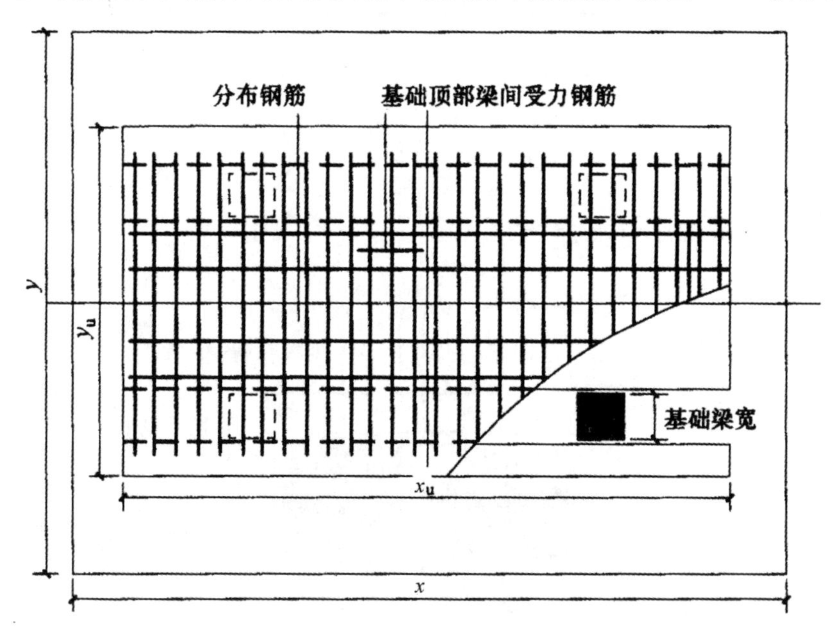

图 1-11 四柱独立基础底板顶部钢筋构造

对照图 1-11，钢筋构造要点如下：

（1）纵向受力筋

长度=基础顶部纵向宽度 y_u－两端保护层厚度 $2c$

$$根数=(基础顶部横向宽度\ x_u-起步距离)/间距+1$$

(2) 横向分布筋

$$长度=基础顶部横向宽度\ x_u-两端保护层厚度\ 2c$$

根数在两根基础梁之间布置。

【实　　例】

【例 1-4】 DJ_P4 平法施工图如图 1-12 所示，混凝土强度为 C30，求 DJ_p4 的横向分布筋。

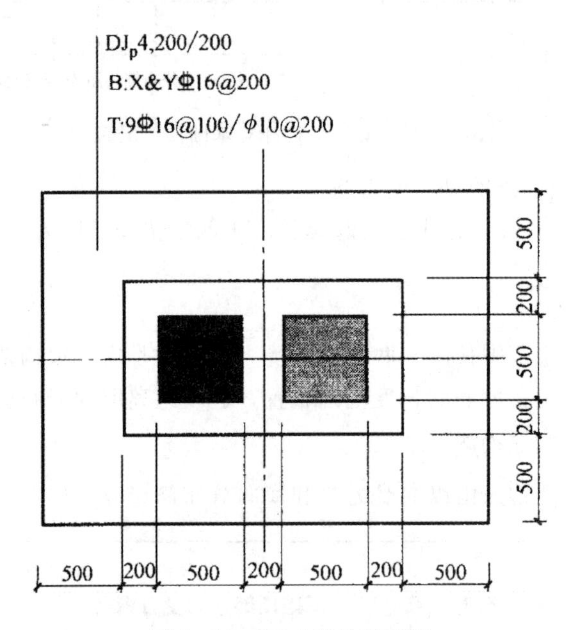

图 1-12　DJ_P4 平法施工图

【解】

DJ_P4 钢筋计算简图如图 1-13 所示。

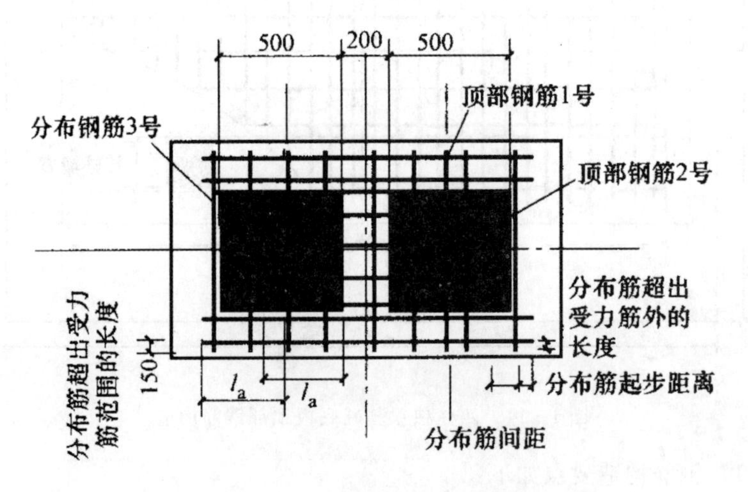

图 1-13　DJ_P4 钢筋计算简图

（1）2 号筋长度＝柱内侧边起算长度＋两端锚固长度 l_a

＝200＋2×30d

＝200＋2×30×16

＝1160mm

（2）2 号筋根数＝(柱宽 500－两侧起距离 50×2)/100＋1

＝5 根

（3）1 号筋长度＝柱中心线起算长度＋两端锚固长度 l_a

＝250＋200＋250＋2×30d

＝1660mm

（4）1 号筋根数＝总根数9－5

＝4 根（一侧 2 根）

（5）分布筋长度（3 号筋）＝纵向受力筋布置范围长度＋两端超出受力筋外的长度(本书此值取构造长度 150mm）

＝(受力筋布置范围 500＋2×150)＋两端超出受力筋外的长度 2×150

＝1100mm

（6）分布筋根数＝(1660－2×100)/200＋1

≈9 根

1.3　基础梁钢筋计算

常遇问题

1. 基础梁纵向钢筋构造有何特点？
2. 基础梁竖向加腋构造有何特点？
3. 基础梁变截面部位钢筋构造有哪几种情况？各有何特点？
4. 关于基础梁侧面构造纵筋和拉筋构造有哪些规定？

【计算方法】

◆基础梁纵向钢筋构造

基础梁纵向钢筋构造如图 1－14 所示。

（1）顶部贯通纵筋连接区为自柱边缘向跨延伸 $l_n/4$ 范围内。

（2）基础梁底部配置非贯通纵筋不多于两排时，其延伸长度为自柱边向跨内伸出至 $l_n/3$ 位置；当非贯通纵筋配置多于两排时，从第三排起向跨内的伸出长度值应由设计者注明。l_n 的取值规定为：边跨边支座的底部非贯通纵筋，l_n 取本边跨的净跨长度值；对于中间支座的底部非贯通纵筋，l_n 取支座两边较大一跨的净跨长度值。

（3）底部除非贯通纵筋连接区外的区域为贯通纵筋的连接区。

（4）顶部贯通纵筋在连接区内采用搭接、机械连接或焊接，且在同一连接区段内接头面积

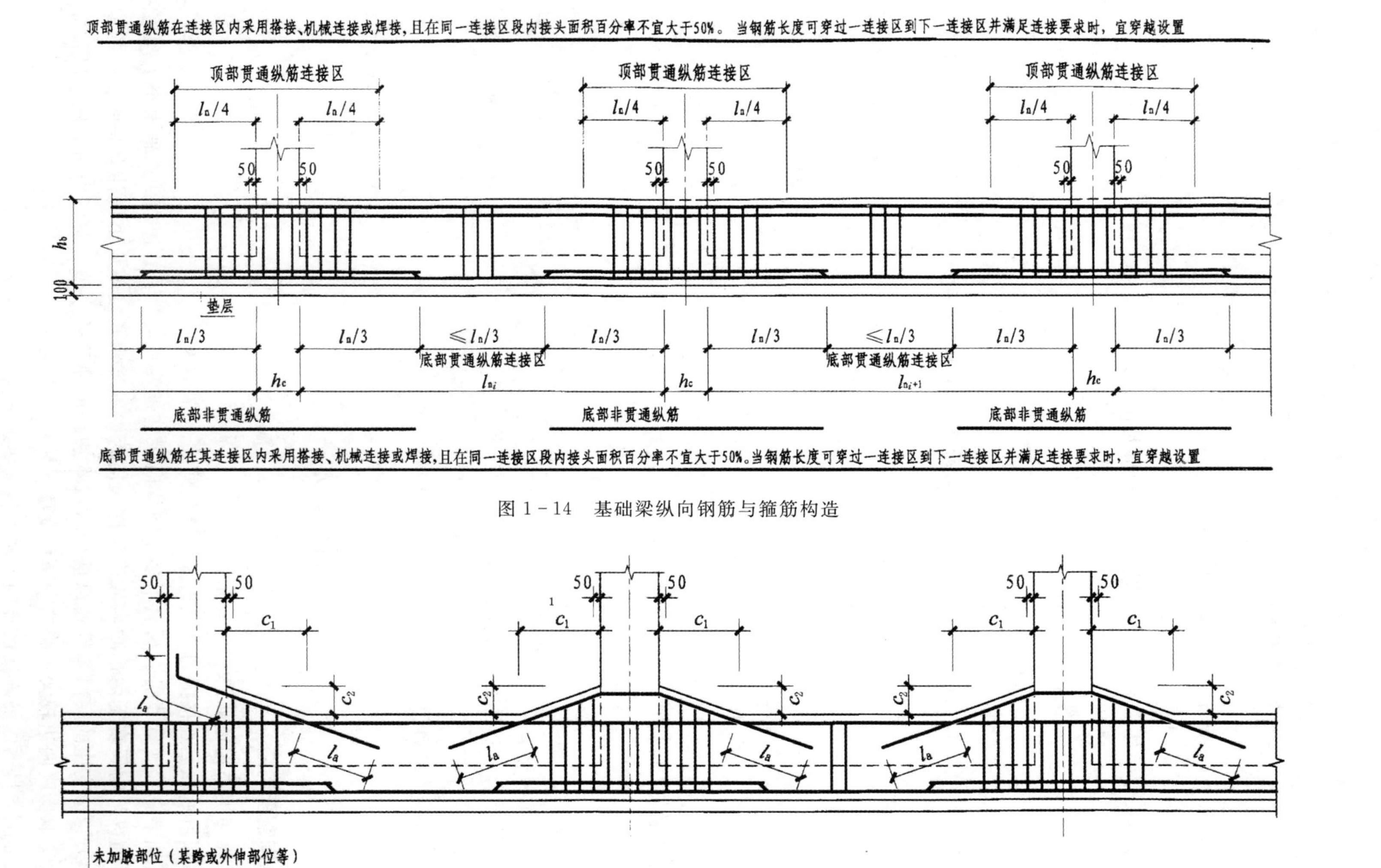

图1－14 基础梁纵向钢筋与箍筋构造

图1－15 基础梁竖向加腋钢筋构造

百分率不宜大于 50%。当钢筋长度可穿过一连接区到下一连接区并满足连接要求时，宜穿越设置。

（5）底部贯通纵筋在连接区内采用搭接、机械连接或焊接，且在同一连接区段内接头面积百分率不宜大于 50%。当钢筋长度可穿过一连接区到下一连接区并满足连接要求时，宜穿越设置。

◆基础梁竖向加腋钢筋构造

基础梁竖向加腋钢筋构造如图 1－15 所示。

（1）基础梁竖向加腋筋规格，若施工图未注明，则同基础梁顶部纵筋；若施工图有标注，则按其标注规格。

（2）基础梁竖向加腋筋，长度为锚入基础梁内 l_a，根数为基础梁顶部第一排纵筋根数减 1。

◆基础梁变截面部位钢筋构造

基础梁变截面部位构造包括以下几种情况：

（1）梁底有高差

梁底有高差时，变截面部位钢筋构造如图 1－16 所示。

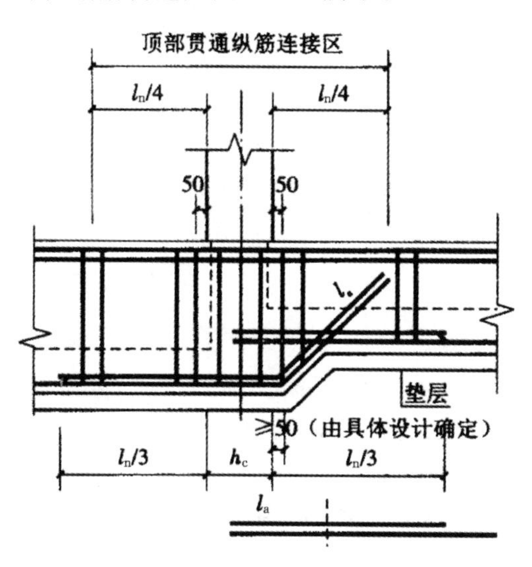

图 1－16　梁底有高差变截面部位钢筋构造

梁底面标高低的梁底部钢筋斜伸至梁底面标高高的梁内，锚固长度为 l_a；梁底面标高高的梁底部钢筋锚固长度≥l_a 截断即可。

（2）梁底、梁顶均有高差

1）梁顶部钢筋构造。当梁底梁顶均有高差时，梁底面标高高的梁顶部第一排纵筋伸至尽端，弯折长度自梁底面标高低的梁顶部算起 l_a，顶部第二排纵筋伸至尽端钢筋内侧，弯折长度为 $15d$，当直锚长度≥l_a 时可不弯折，梁底面标高低的梁顶部纵筋锚入长度≥l_a 截断即可，如图 1－17 所示。

2）梁底部钢筋构造。当梁底梁顶均有高差时，梁底面标高高的梁底部钢筋锚入梁内长度≥l_a 截断即可；梁底面标高低的底部钢筋斜伸至梁底面标高高的梁内，锚固长度为 l_a，如图 1－18 所示。

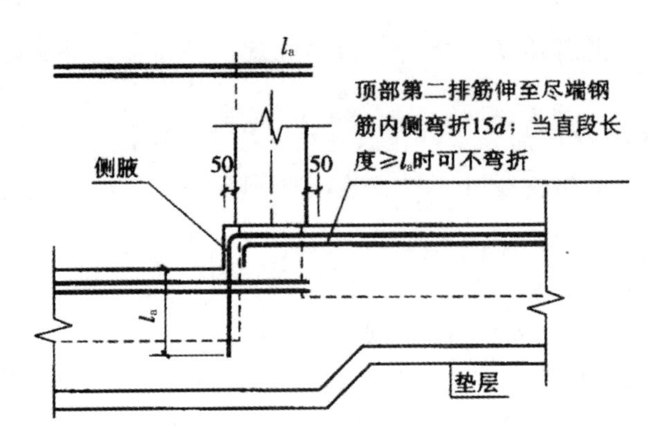

图 1-17 梁底、梁顶均有高差的钢筋构造

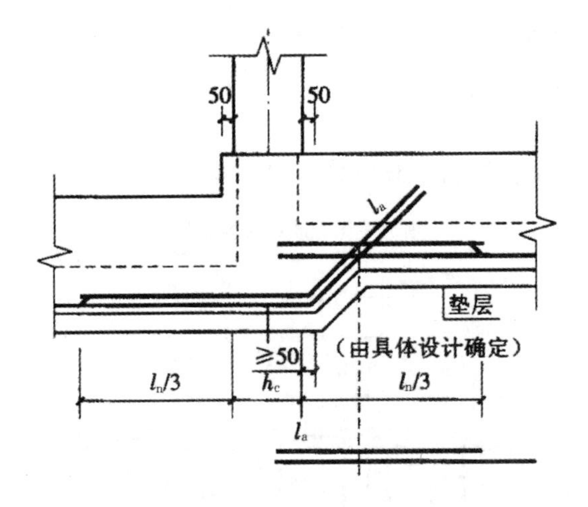

图 1-18 梁底、梁顶均有高差钢筋构造（梁底部钢筋）

上述构造既适用于条形基础又适用于筏形基础，除此之外，当梁底、梁顶均有高差时，还有一种只适用于条形基础的构造，如图 1-19 所示。

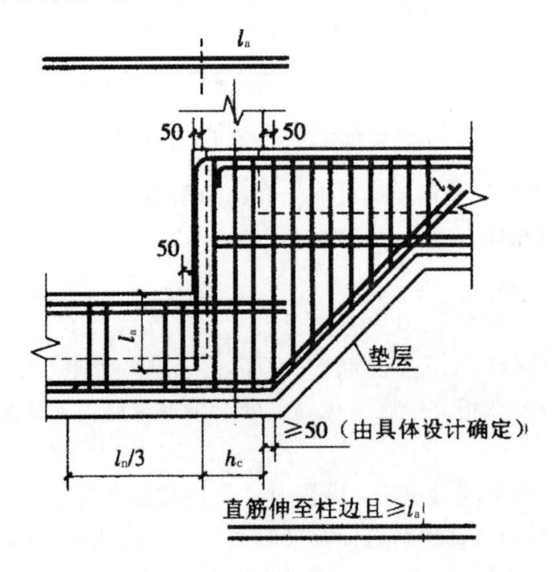

图 1-19 梁底、梁顶均有高差钢筋构造（仅适用于条形基础）

(3) 梁顶有高差

梁顶有高差时，变截面部位钢筋构造如图 1-20 所示。

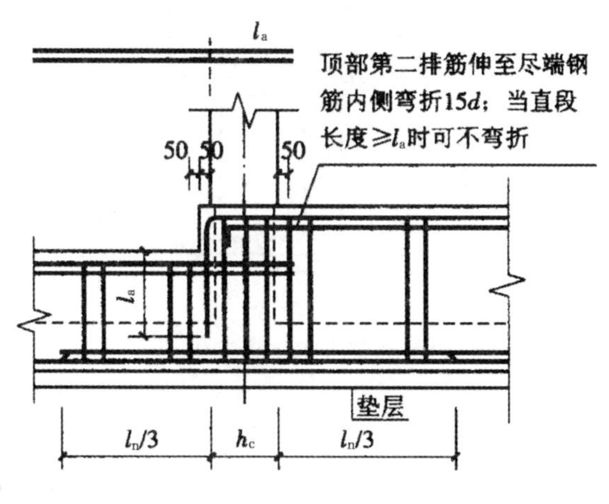

图 1-20　梁顶有高差钢筋构造

梁顶面标高高的梁顶部第一排纵筋伸至尽端，弯折长度自梁顶面标高低的梁顶部算起为 l_a，顶部第二排纵筋伸至尽端钢筋内侧，弯折长度为 15d，当直锚长度≥l_a 时可不弯折。梁顶面标高低的梁上部纵筋锚固长度≥l_a 截断即可。

(4) 柱两边梁宽不同钢筋构造

柱两边梁宽不同部位钢筋构造如图 1-21 所示。

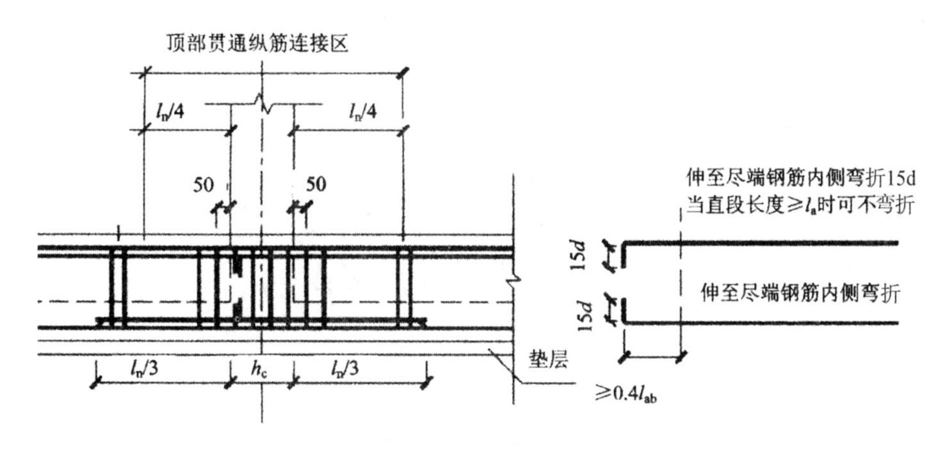

图 1-21　柱两边梁宽不同钢筋构造

宽出部位梁的上、下部第一排纵筋连通设置；在宽出部位，不能连通的钢筋，上、下部第二排纵筋伸至尽端钢筋内侧，弯折长度为 15d，当直锚长度≥l_a 时可不弯折。

◆基础梁侧面构造纵筋和拉筋

基础梁侧面构造纵筋和拉筋如图 1-22 所示。

基础梁 h_w≥450mm 时，梁的两个侧面应沿高度配置纵向构造钢筋，纵向构造钢筋间距为 a≤200mm；侧面构造纵筋能贯通就贯通，不能贯通则取锚固长度值为 15d，如图 1-22、图 1-23 所示。

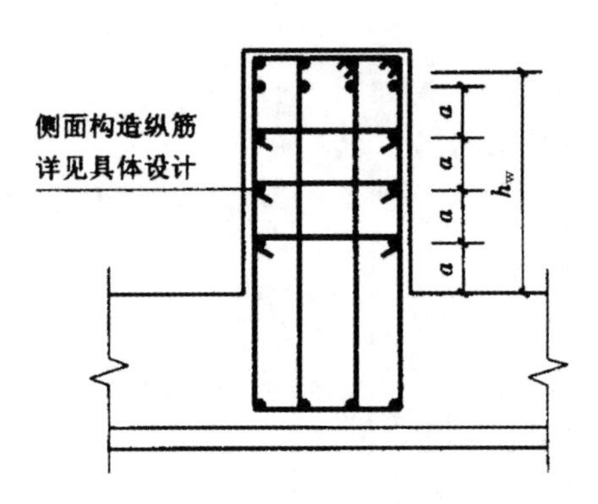

图 1－22　梁侧面构造钢筋和拉筋

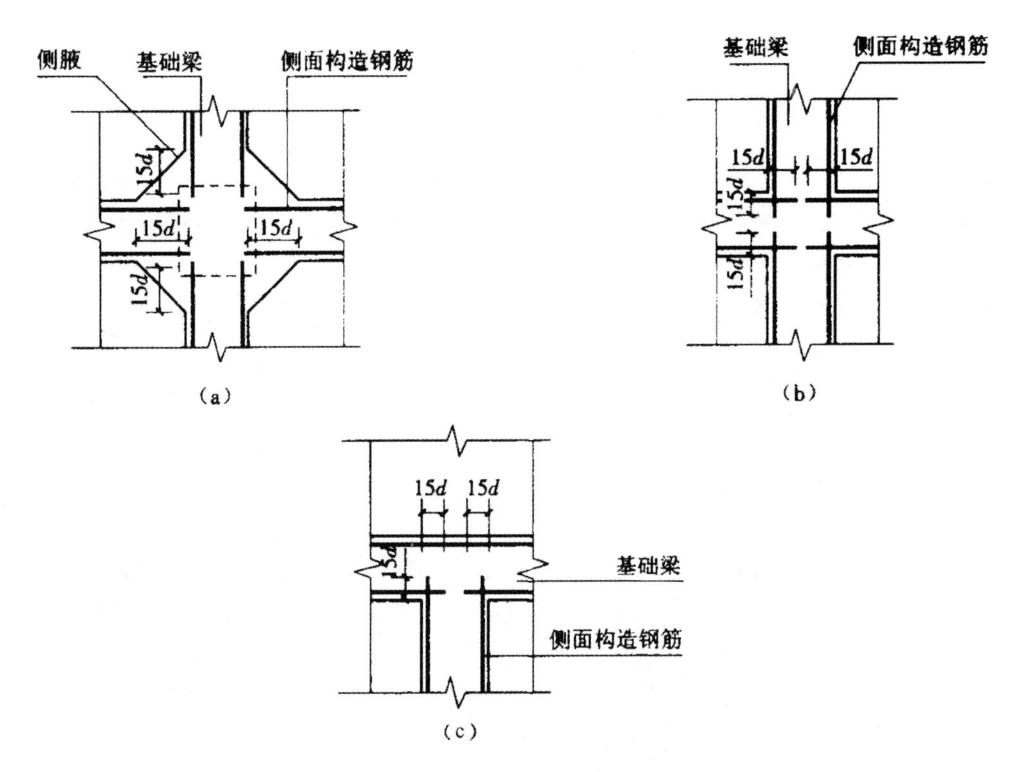

图 1－23　侧面纵向钢筋锚固要求

(a) 十字相交基础梁，相交位置有柱；(b) 十字相交基础梁，相交位置无柱；
(c) 丁字相交的基础梁，相交位置无柱

梁侧钢筋的拉筋直径除注明者外均为 8mm，间距为箍筋间距的 2 倍。当设有多排拉筋时，上下两排拉筋竖向错开设置。

基础梁侧面纵向构造钢筋搭接长度为 15d。十字相交的基础梁，当相交位置有柱时，侧面构造纵筋锚入梁包柱侧腋内 15d，如图 1－23（a）所示；当无柱时侧面构造纵筋锚入交叉梁内 15d，如图 1－23（b）所示；丁字相交的基础梁，当相交位置无柱时，横梁外侧的构造纵筋应贯通，横梁内侧的构造纵筋锚入交叉梁内 15d，如图 1－23（c）所示。

基础梁侧面受扭纵筋的搭接长度为 l_l，其锚固长度为 l_a，锚固方式同梁上部纵筋。

【实　　例】

【例 1－5】 JL05 平法施工图如图 1－24 所示，求 JL05 的加腋筋及分布筋。

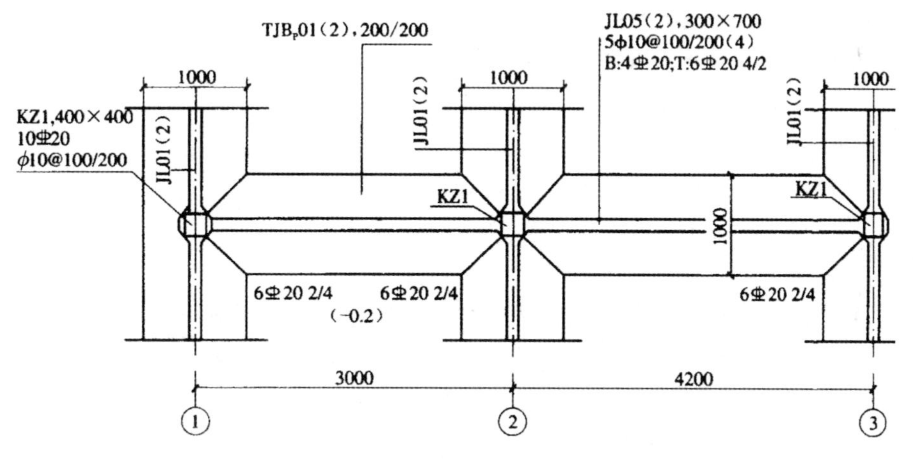

图 1－24　JL05 平法施工图

【解】

本例以①轴线加腋筋为例，②、③轴位置加腋筋同理。

（1）加腋斜边长

$a=\sqrt{50^2+50^2}$

$=70.71\text{mm}$

$b=a+50$

$=120.71\text{mm}$

1 号筋加腋斜边长＝$2b$

＝2×120.71

≈242mm

（2）1 号加腋筋 ϕ10（本例中 1 号加腋筋对称，只计算一侧）

1 号加腋筋长度＝加腋斜边长＋$2\times l_a$

＝242＋2×29×10

＝822mm

根数＝300/100＋1

＝4 根（间距同柱箍筋间距 100mm）

分布筋（ϕ8@200）

长度＝300－2×25

＝250mm

根数＝242/200＋1

≈3 根

（3）1 号加腋筋 ϕ12

加腋斜边长＝$400+2\times50+2\times\sqrt{100^2+100^2}$

＝783mm

2 号加腋筋长度 $=783+2\times29d$

$=783+2\times29\times10$

$=1363\text{mm}$

根数 $=300/100+1$

$=4$ 根（间距同柱箍筋间距 100mm）

分布筋（$\phi8@200$）

长度 $=300-2\times25$

$=250\text{mm}$

根数 $=783/200+1$

≈5 根

【例 1－6】 JL04 平法施工图如图 1－25 所示，求 JL04 的贯通纵筋、非贯通纵筋及箍筋。

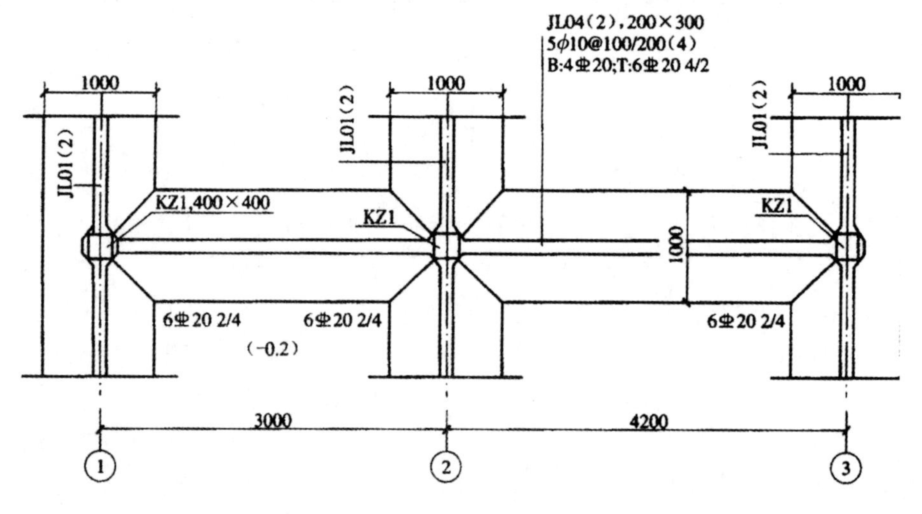

图 1－25 JL04 平法施工图

【解】

本例中不计算加腋筋。

(1) 第一跨底部贯通纵筋 4 ⌀ 20

长度 $=3000+(200+50-25+15d)+(200-25+\sqrt{200^2+200^2}+29d)$

$=3000+(200+50-25+15\times20)+(200-25+\sqrt{200^2+200^2}+29\times20)$

$=4563\text{mm}$

(2) 第二跨底部贯通纵筋 4 ⌀ 20

长度 $=4200-200+29d+200+50-25+15d$

$=4200-200+29\times20+200+50-25+15\times20$

$=5105\text{mm}$

(3) 支座①底部非贯通纵筋 2 ⌀ 20

长度 $=(3000-400)/3+400+50-25+15d$

$=(3000-400)/3+400+50-25+15\times20$

$\approx1592\text{mm}$

(4) 支座②底部非贯通纵筋 2 ⏀ 20

长度 $=(4200-400)/3+200+\sqrt{200^2+200^2}+29d$

$=(4200-400)/3+200+\sqrt{200^2+200^2}+29\times20$

≈2330mm

(5) 第二跨左端底部非贯通纵筋 2 ⏀ 20

长度 $=(4200-400)/3+29d-200$

$=(4200-400)/3+29\times20-200$

≈1447mm

(6) 第二跨右端底部非贯通纵筋 2 ⏀ 20

长度 $=(4200-400)/3+200+50-25+15d$

$=(4200-400)/3+200+50-25+15\times20$

≈1792mm

(7) 第一跨顶部贯通筋 6 ⏀ 20 4/2

长度 $=3000+200+50-25+15d-200+29d$

$=3000+200+50-25+15\times20-200+29\times20$

$=3705$mm

(8) 第二跨顶部第一排贯通筋 4 ⏀ 20

长度 $=4200+(200+50-25+15d)+200-25+200$(差高)$+29d$

$=4200+(200+50-25+15\times20)+200-25+200+29\times20$

$=5480$mm

(9) 第二跨顶部第二排贯通筋 2 ⏀ 20

长度 $=4200+200+50-25+15d-200+29d$

$=4200+200+50-25+15\times20-200+29\times20$

$=4905$mm

(10) 箍筋

1)外大箍筋长度 $=(200-2\times25)\times2+(300-2\times25)\times2+2\times11.9\times10$

$=1038$mm

2)内小箍筋长度 $=[(200-2\times25-20-20)/3+20+20]\times2+(300-2\times25)\times2+2\times11.9\times10$

≈892mm

3) 箍筋根数

第一跨：$5\times2+7=17$ 根

两端各 5ϕ10

中间箍筋根数 $=(3000-200\times2-50\times2-100\times5\times2)/200-1$

≈7 根

节点内箍筋根数 $=400/100$

$=4$ 根

第二跨：$5\times2+13=23$ 根

①左端 5ϕ10，斜坡水平长度为 200mm，故有 2 根位于斜坡上，这 2 根箍筋高度取 700 和 500 的平均值计算：

外大箍筋长度＝(200－2×25)×2＋(600－2×25)×2＋2×11.9×10

＝1638mm

内小箍筋长度＝[(200－2×25－20－20)/3＋20＋20]×2＋(600－2×25)×2＋2×11.9×10

≈1491mm

②右端 5ϕ10

中间箍筋根数＝(4200－200×2－50×2－100×5×2)/200－1

≈13 根

JL04 箍筋总根数为：

外大箍筋根数＝17＋23＋4×4

＝56 根（其中位于斜坡上的 2 根长度不同）

内小箍筋根数＝56 根（其中位于斜坡上的 2 根长度不同）

【例 1－7】 JL02 平法施工图如图 1－26 所示，求 JL02 的贯通纵筋、非贯通纵筋、架立筋、侧部构造筋。

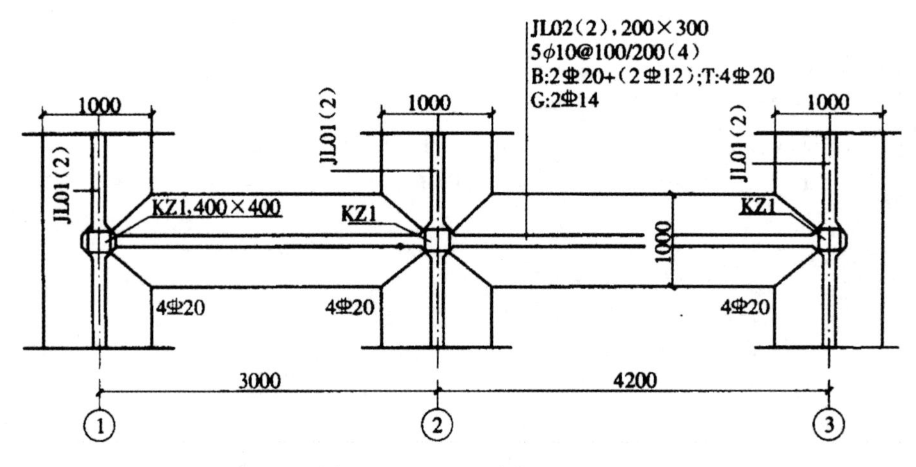

图 1－26 JL02 平法施工图

【解】

本例中不计算加腋筋。

(1)底部贯通纵筋 4 ⌀ 20

长度＝(3000＋4200＋200×2＋50×2)－2×25＋2×15×20

＝8250mm

(2)顶部贯通纵筋 4 ⌀ 20

长度＝(3000＋4200＋200×2＋50×2)－2×25＋2×15×20

＝8250mm

(3)箍筋

1)外大箍筋长度＝(200－2×25)×2＋(300－2×25)×2＋2×11.9×10

＝1038mm

2)内小箍筋长度＝[(200－2×25－20－20)/3＋20＋20]×2＋(300－2×25)×2＋2×11.9×10

≈892mm

3)箍筋根数

第一跨:5×2+7=17 根

两端各 5ϕ10

中间箍筋根数=(3000−200×2−50×2−100×5×2)/200−1

≈7 根

第二跨:5×2+13=23 根

两端各 5ϕ10

中间箍筋根数=(4200−200×2−50×2−100×5×2)/200−1

≈13 根

节点内箍筋根数=400/100

=4 根

JL02 箍筋总根数为:

外大箍筋根数=17+23+4×4

=56 根

内小箍筋根数=56 根

(4)支座①底部非贯通纵筋 2 ⌀ 20

长度=延伸长度 l_n/3+柱宽+伸到端部并弯折 15d

=(3000−400)/3+400+50−25+15×20

≈1592mm

(5)底部中间柱下区域非贯通筋 2 ⌀ 20

长度=2×l_n/3+柱宽

=2×(4200−400)/3+400

≈2934mm

(6)底部架立筋 2 ⌀ 12

第一跨底部架立筋长度=轴线尺寸−2×l_n/3+2×150

=3000−2×(4200−400)/3+2×150

≈766mm

第二跨底部架立筋长度=轴线尺寸−2×l_n/3+2×150

=4200−2×(4200−400)/3+2×150

≈1966mm

(7)侧部构造筋 2 ⌀ 14

第一跨侧部构造筋长度=3000−2×(200+50)

=2500mm

第二跨侧部构造筋长度=4200−2×(200+50)

=3700mm

拉筋(ϕ8)间距为最大箍筋间距的 2 倍

第一跨拉筋根数=[3000−2×(200+50)]/400+1

≈8 根

第二跨拉筋根数=[4200−2×(200+50)]/400+1

≈11 根

1.4 条形基础底板钢筋计算

常遇问题

1. 条形基础底板配筋构造有哪几种情况？各有何特点？
2. 条形基础底板不平钢筋构造有哪几种情况？

【计算方法】

◆条形基础底板配筋构造

(1) 条形基础十字交接基础底板

条形基础十字交接基础底板配筋构造如图 1－27 所示。

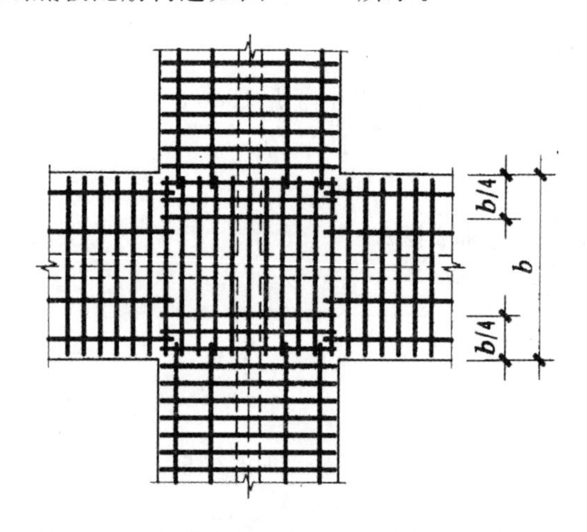

图 1－27 条形基础十字交接基础底板配筋构造

1) 十字交接时，一向受力筋贯通布置，另一向受力筋在交接处伸入 $b/4$ 范围内布置。

2) 一向分布筋贯通，另一向分布在交接处与受力筋搭接。

3) 当条形基础设有基础梁时，基础底板的分布钢筋在梁宽范围内不设置。

(2) 转角梁板端部均有纵向延伸

转角梁板端部均有纵向延伸时，条形基础底板配筋构造如图 1－28 所示。

1) 交接处，两向受力筋相互交叉形成钢筋网，分布筋则需要切断，与另一方向受力筋搭接。

2) 当条形基础设有基础梁时，基础底板的分布钢筋在梁宽范围内不设置。

(3) 丁字交接基础底板

丁字交接基础底板配筋构造如图 1－29 所示。

1) 丁字交接时，丁字横向受力筋贯通布置，丁字竖向受力筋在交接处伸入 $b/4$ 范围内布置。

2) 一向分布筋贯通，另一向分布筋在交接处与受力筋搭接。

3) 当条形基础设有基础梁时，基础底板的分布钢筋在梁宽范围内不设置。

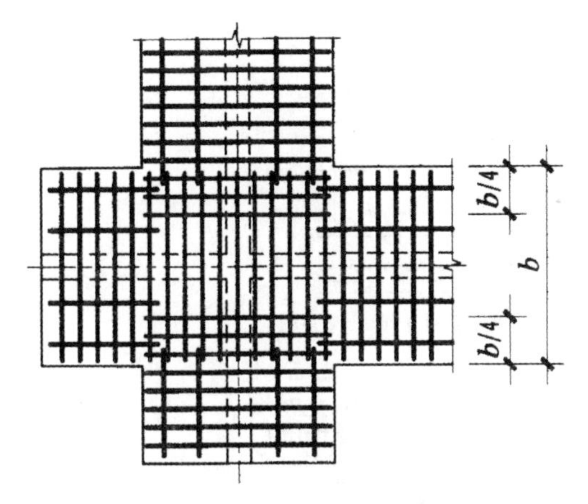

图 1-28 转角梁端部均有纵向延伸配筋构造

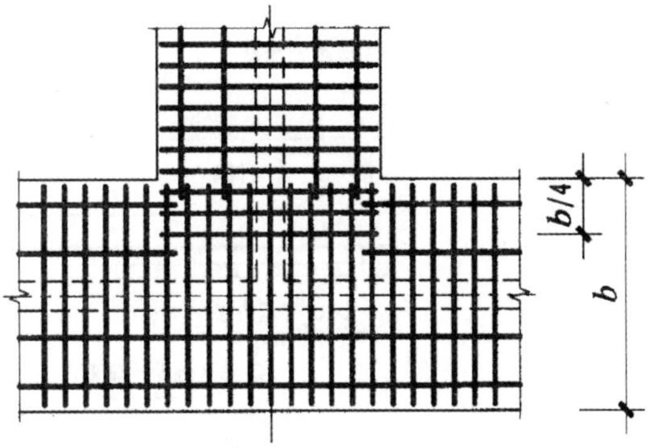

图 1-29 丁字交接基础底板配筋构造

(4) 转角梁板端部无纵向延伸

转角梁板端部无纵向延伸时，条形基础底板配筋构造如图 1-30 所示。

1) 交接处，两向受力筋相互交叉形成钢筋网，分布筋则需要切断，与另一方向受力筋搭接，搭接长度为 150mm。

2) 当条形基础设有基础梁时，基础底板的分布钢筋在梁宽范围内不设置。

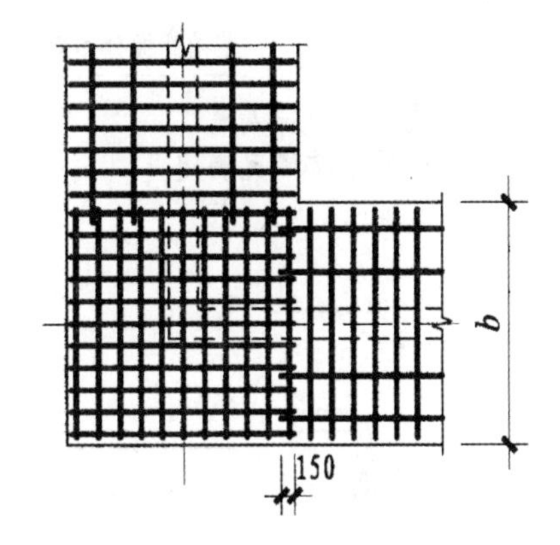

图 1-30 转角梁板端部无纵向延伸配筋构造

◆**条形基础底板配筋长度减短 10%构造**

条形基础底板配筋长度减短 10%构造如图 1-31 所示。

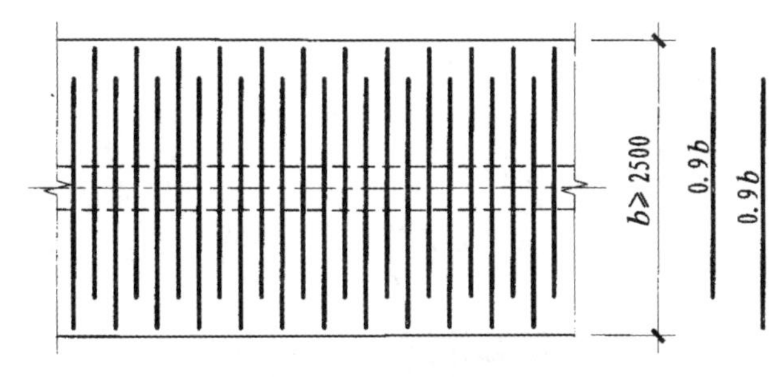

图 1-31 条形基础底板配筋长度减短 10%构造

底板交接区的受力钢筋和无交接底板时端部第一根钢筋不应减短。

◆**条形基础底板不平钢筋构造**

条形基础底板不平钢筋构造，可分为两种情况，如图 1-32 和图 1-33 所示。

由图 1-32 可知，在墙（柱）左方之外 1000mm 处的分布筋转换为受力钢筋，在右侧上拐点以右 1000mm 处的分布筋转换为受力钢筋。转换后的受力钢筋锚固长度为 l_a，与原来的分布筋搭接，搭接长度为 150mm。

由图 1-33 可知，条形基础底板呈阶梯型上升状，基础底板分布筋垂直上弯，受力筋置于底板内侧。底板下部钢筋受力筋在下部，分布筋在上部。

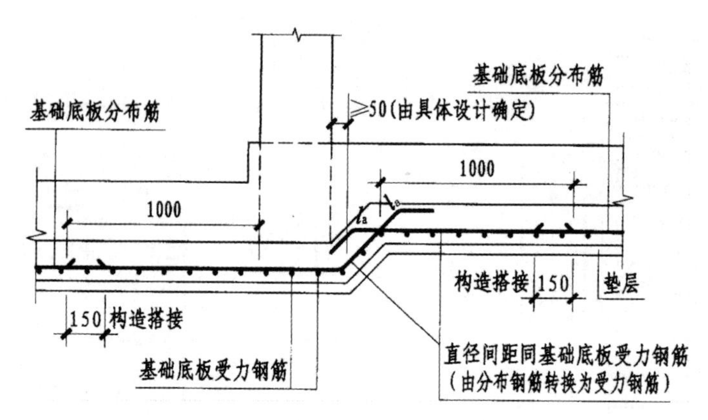

图 1－32 条形基础底板不平钢筋构造一

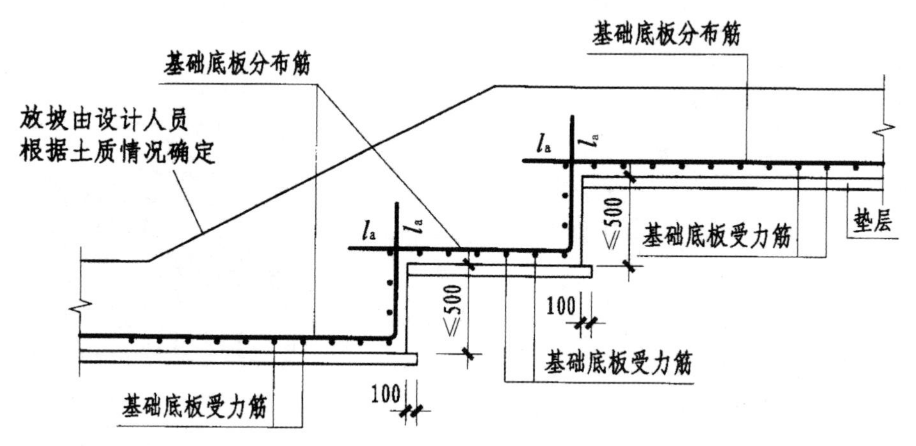

图 1－33 条形基础底板不平钢筋构造二

◆条形基础无交接底板端部构造

条形基础无交接底板端部构造如图 1－34 所示。

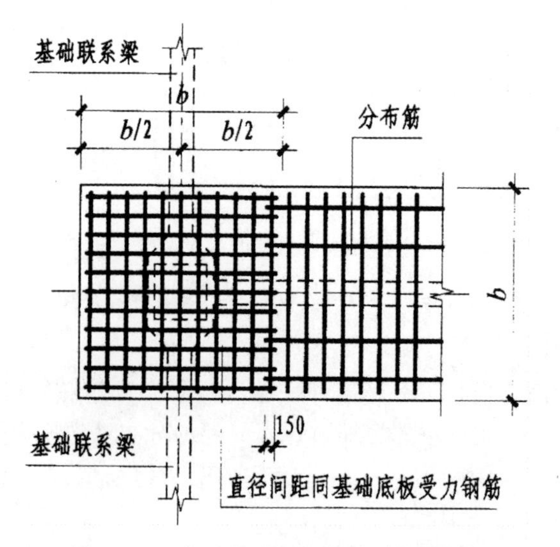

图 1－34 条形基础无交接底板端部构造

条形基础端部无交接底板，受力筋在端部 b 范围内相互交叉，分布筋与受力筋搭接，搭接长度为 150mm。

【实　　例】

【例 1-8】 TJP_P01 平法施工图如图 1-35 所示，求 TJP_P01 底部的受力筋及分布筋。

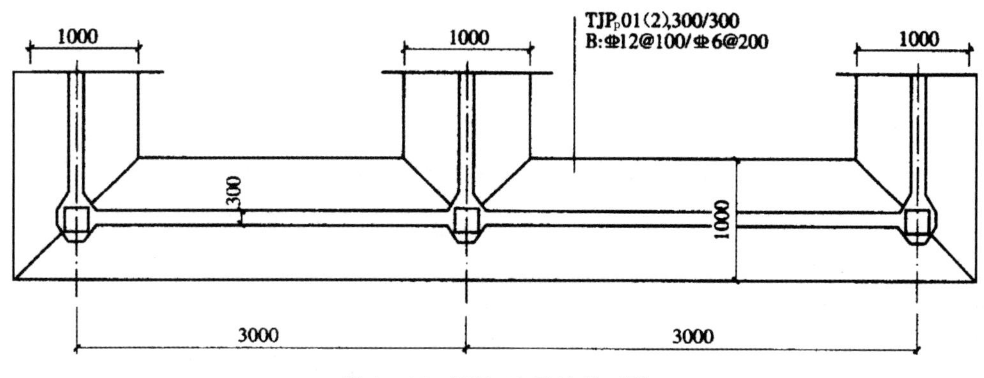

图 1-35　TJP_P01 平法施工图

【解】

(1) 受力筋⌀ 12@100

长度＝条形基础底板宽度－2c

　　＝1000－2×40

　　＝920mm

根数＝（3000×2＋2×500－2×50）/100＋1

　　＝70 根

(2) 分布筋⌀ 6@200

长度＝3000×2－2×500＋2×40＋2×150

　　＝5380mm

单侧根数＝(500－150－2×100)/200＋1

　　≈2 根

【例 1-9】 TJP_P02 平法施工图如图 1-36 所示，求 TJP_P02 底部的受力筋及分布筋。

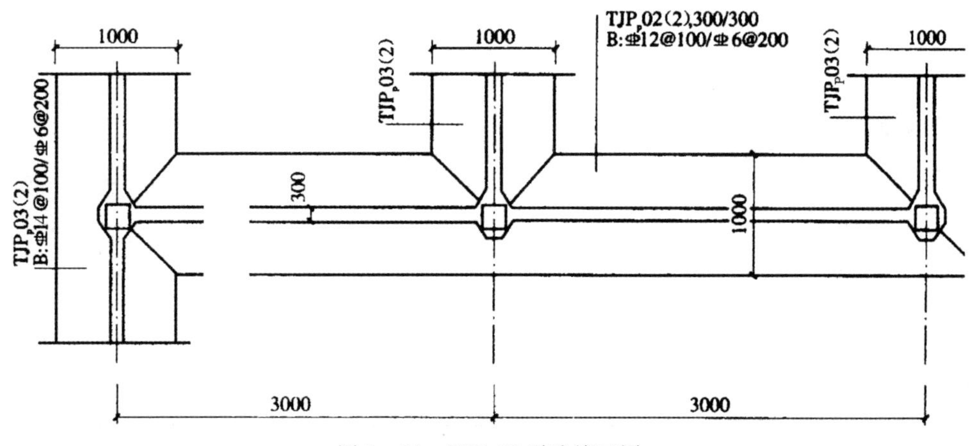

图 1-36　TJP_P02 平法施工图

【解】

(1) 受力筋Φ 12@100

长度＝条形基础底板宽度－$2c$

　　＝1000－2×40

　　＝920mm

根数＝(3000×2－50＋1000/4)/100＋1

　　＝63 根

(2) 分布筋Φ 6@200

长度＝3000×2－2×500＋2×40＋2×150

　　＝5380mm

单侧根数＝(500－150－2×100)/200＋1

　　　≈2 根

【例 1－10】 TJP$_P$03 平法施工图如图 1－37 所示，求 TJP$_P$03 底部的受力筋及分布筋。

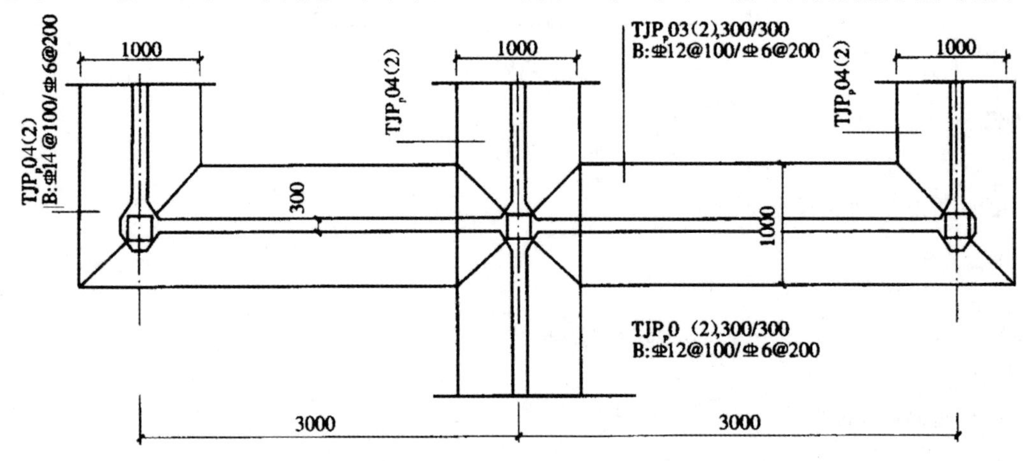

图 1－37　TJP$_P$03 平法施工图

【解】

(1) 受力筋Φ 12@100

长度＝条形基础底板宽度－$2c$

　　＝1000－2×40

　　＝920mm

根数＝23×2

　　＝46 根

第 1 跨＝(3000－50＋1000/4)/100＋1

　　　＝33 根

第 2 跨＝(3000－50＋1000/4)/100＋1

　　　＝33 根

(2)分布筋Φ 6@200

长度＝3000×2－2×500＋2×40＋2×150

　　＝5380mm

单侧根数＝(500－150－2×100)/200＋1

≈2 根

【例 1－11】 TJP_P04 平法施工图如图 1－38 所示，求 TJP_P04 底部的受力筋及分布筋。

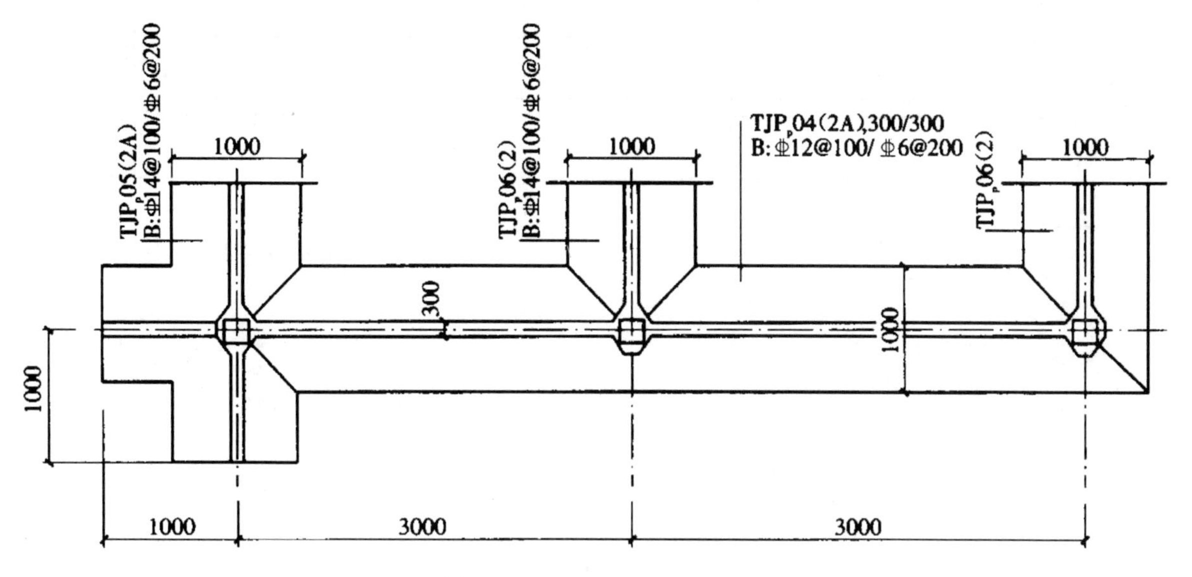

图 1－38 TJP_P04 平法施工图

【解】

(1) 受力筋⌀ 12@100

长度＝条形基础底板宽度－2c

＝1000－2×40

＝920mm

非外伸段根数＝(3000×2－50＋1000/4)/100＋1

＝63 根

外伸段根数＝(1000－500－50＋1000/4)/100＋1

＝8 根

根数＝63＋8

＝71 根

(2)分布筋⌀ 6@200

长度＝3000×2－2×500＋2×40＋2×150

＝5380mm

外伸段长度＝1000－500－40＋40＋150

＝650mm

单侧根数＝(500－150－2×100)/200＋1

≈2 根

【例 1－12】 TJP_P05 平法施工图如图 1－39 所示，求 TJP_P05 底部的受力筋及分布筋。

【解】

(1) 受力筋⌀ 12@100

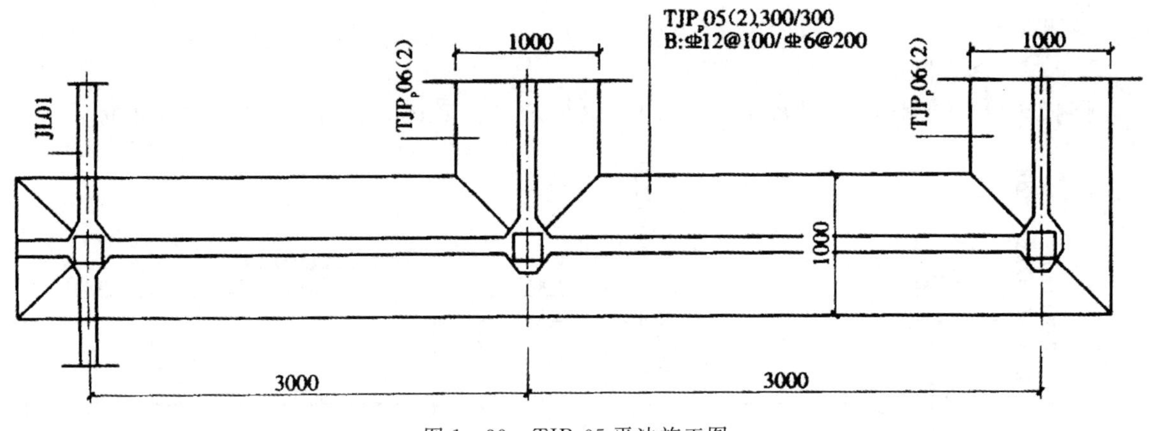

图 1-39 TJP$_P$05 平法施工图

长度=条形基础底板宽度$-2c$

=1000-2×40

=920mm

左端另一向交接钢筋长度=1000-40

=960mm

左端一向的钢筋根数=(3000×2+500×2-2×50)/100+1

=70 根

左端另一向交接钢筋根数=(1000-50)/100+1

≈11 根

根数=70+11

=81 根

(2)分布筋⊈ 6@200

长度=3000×2-2×500+40+2×150

=5340mm

单侧根数=(500-150-2×100)/200+1

≈2 根

1.5 基础次梁钢筋计算

常遇问题

1. 基础次梁纵向钢筋与箍筋构造有何特点?
2. 基础次梁外伸部位钢筋构造做法有哪些?
3. 基础次梁竖向加腋构造有何特点?

【计算方法】

◆基础次梁纵向钢筋与箍筋构造

基础次梁纵向钢筋与箍筋构造如图 1-40 所示。

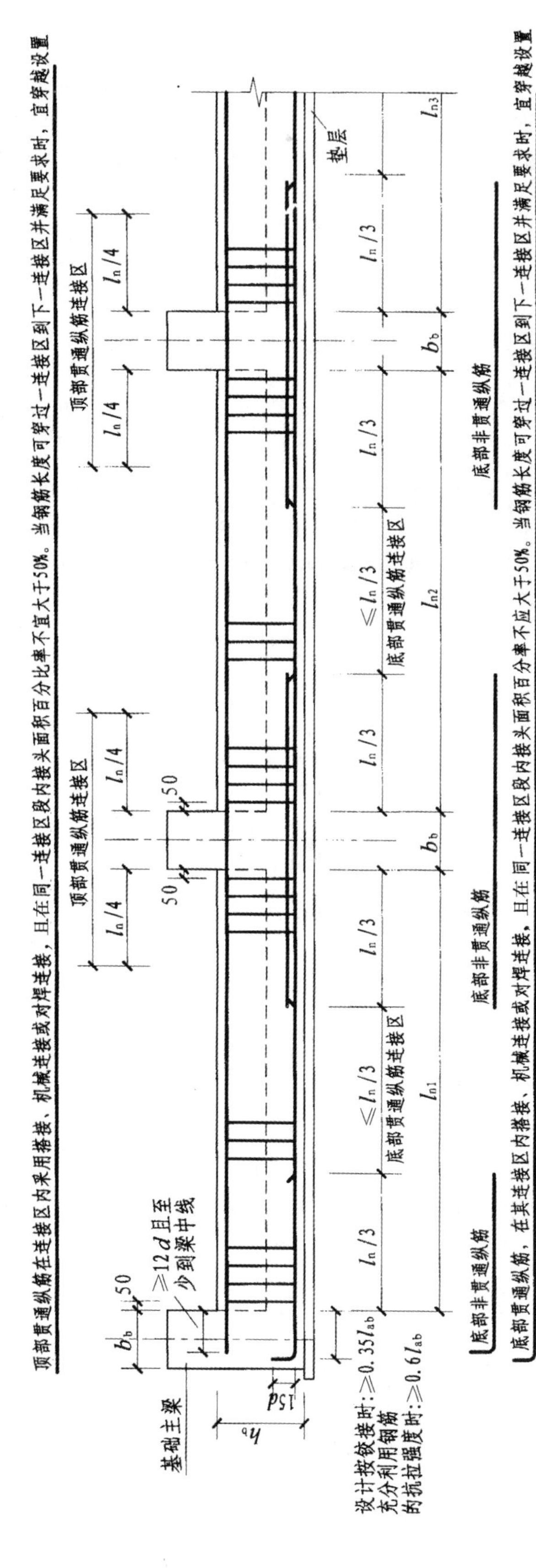

图 1-40 基础次梁纵向钢筋与箍筋构造

（1）顶部和底部贯通纵筋在连接区内采用搭接、机械连接或对焊连接，且在同一连接区段内接头面积百分比率不宜大于50%。当钢筋长度可穿过一连接区到下一连接区并满足要求时，宜穿越设置。当底部纵筋多于两排时，从第三排起非贯通纵筋向跨内的伸出长度值应由设计者注明。

（2）节点区内箍筋按梁端箍筋设置。梁相互交叉宽度内的箍筋按截面高度较大的基础梁设置。当具体设计未注明时，基础梁外伸部位按梁端第一种箍筋设置。

◆基础次梁外伸部位钢筋构造

外伸部位截面形状分为端部等截面外伸和端部变截面外伸，纵筋形状据此决定，如图1-41所示。

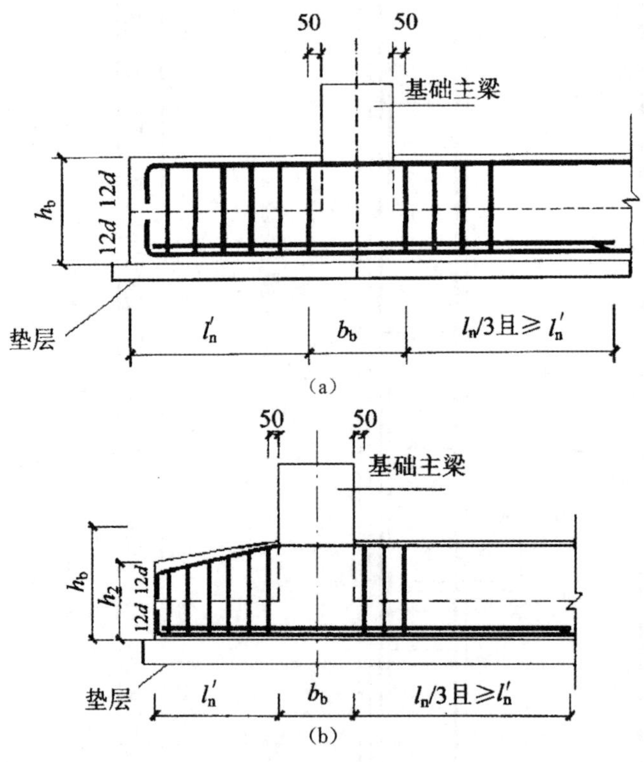

图1-41 基础次梁外伸部位钢筋构造

（a）端部等截面外伸构造；（b）端部变截面外伸构造

（1）基础次梁顶部纵筋端部伸至尽端钢筋内侧，弯直钩12d。

（2）基础次梁底部第一排纵筋端部伸至尽端钢筋内侧，弯直钩12d。

（3）边跨端部底部纵筋直锚长度不小于l_a时，可不设弯钩。

（4）基础次梁底部第二排纵筋端部伸至尽端钢筋内侧，不弯直钩。

【实　　例】

【例1-13】 JCL06平法施工图如图1-42所示，求JCL06顶部、底部的贯通纵筋、非贯通纵筋及箍筋。

【解】

（1）顶部贯通纵筋2⌀25

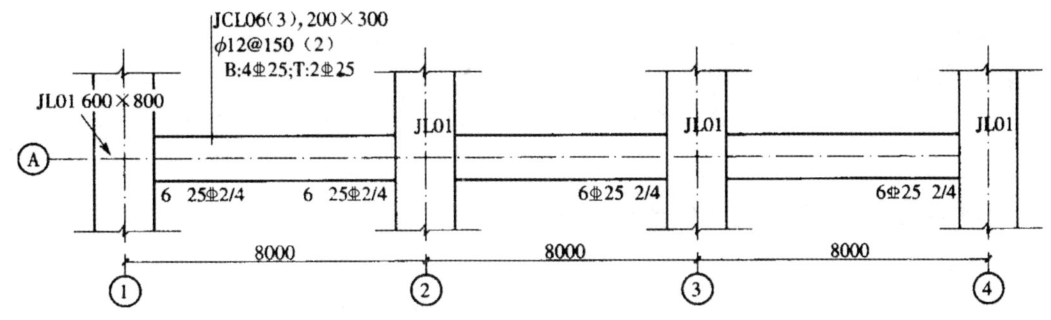

图 1-42　JCL06 平法施工图

长度=净长+两端锚固长度

锚固长度=max(0.5h_c,12d)

　　　　=max(0.5×600,12×25)

　　　　=300mm

长度=8000×3-600+2×300

　　=24000mm

(2)底部贯通纵筋 4 Φ 25

长度=净长+两端锚固长度

锚固长度=l_a

　　　　=29×25

　　　　=725mm

长度=8000×3-600+2×725

　　=24850mm

(3)支座 1、4 底部非贯通纵筋 2 Φ 25

长度=支座锚固长度+支座外延伸长度+支座宽度

锚固长度=15d

　　　　=15×25

　　　　=375mm

支座向跨内伸长度=l_n/3

　　　　　　　　=(8000-600)/3

　　　　　　　　≈2467mm(b_b 为支座宽度)

长度=375+2467+600

　　=3442mm

(4) 支座 2、3 底部非贯通纵筋 2 Φ 25

长度=2×延伸长度+支座宽度

　　=2×l_n/3+h_b

　　=2×(8000-600)/3+600

　　≈5533mm

(5)箍筋长度

长度=2×[(200-50)+(300-50)]+2×11.9×12

　　=1086mm

(6)箍筋根数

三跨总根数=3×[(7400－100)/150＋1]

=149 根（基础次梁箍筋只布置在净跨内，支座内不布置箍筋）

1.6 梁板式筏形基础平板钢筋计算

常遇问题

1. 梁板式筏形基础钢筋构造有哪些内容？
2. 梁板式筏形基础平板端部与外伸部位钢筋构造做法有哪些？

【计算方法】

◆梁板式筏形基础钢筋构造

(1) 梁板式筏形基础底板钢筋的连接位置

梁板式筏形基础平板钢筋的连接位置如图 1－43 所示。

支座两侧的钢筋应协调配置，当两侧配筋直径相同而根数不同时，应将配筋小的一侧的钢筋全部穿过支座，配筋大的一侧的多余钢筋至少伸至支座对边内侧，锚固长度为 l_a，当支座内长度不能满足时，则将多余的钢筋伸至对侧板内，以满足锚固长度要求。

(2) 梁板式筏形基础底板平板钢筋构造

梁板式筏形基础平板钢筋构造如图 1－44 所示，钢筋排布构造如图 1－45 所示。

1) 顶部贯通纵筋在连接区内采用搭接、机械连接或焊接，且在同一连接区段内接头面积百分比率不宜大于 50%。当钢筋长度可穿过一连接区到下一连接区并满足要求时，宜穿越设置。

2) 底部非贯通纵筋自梁中心线到跨内的伸出长度≥$l_n/3$（l_n 为基础平板 LPB 的轴线跨度）。

3) 底部贯通纵筋在基础平板内按贯通布置。

底部贯通纵筋的长度=跨度－左侧伸出长度－右侧伸出长度≤$l_n/3$（“左、右侧延伸长度”即左、右侧的底部非贯通纵筋伸出长度）。

底部贯通纵筋直径不一致时：当某跨底部贯通纵筋直径大于邻跨时，如果相邻板区板底一平，则应在两毗邻跨中配置较小一跨的跨中连接区内进行连接（即配置较大板跨的底部贯通纵筋须越过板区分界线伸至毗邻板跨的跨中连接区域）。

4) 基础平板同一层面的交叉纵筋，何向纵筋在下，何向纵筋在上，应按具体设计说明。

◆梁板式筏形基础端部等截面外伸构造

梁板式筏形基础端部等截面外伸构造如图 1－46 所示。

(1) 底部贯通纵筋伸至外伸尽端（留保护层），向上弯折 $12d$。

(2) 顶部钢筋伸至外伸尽端向下弯折 $12d$。

(3) 无需延伸到外伸段顶部的纵筋，其伸入梁内水平段的长度不小于 $12d$，且至少到梁中线。

(4) 板外边缘应封边，封边构造如图 1－52 所示。

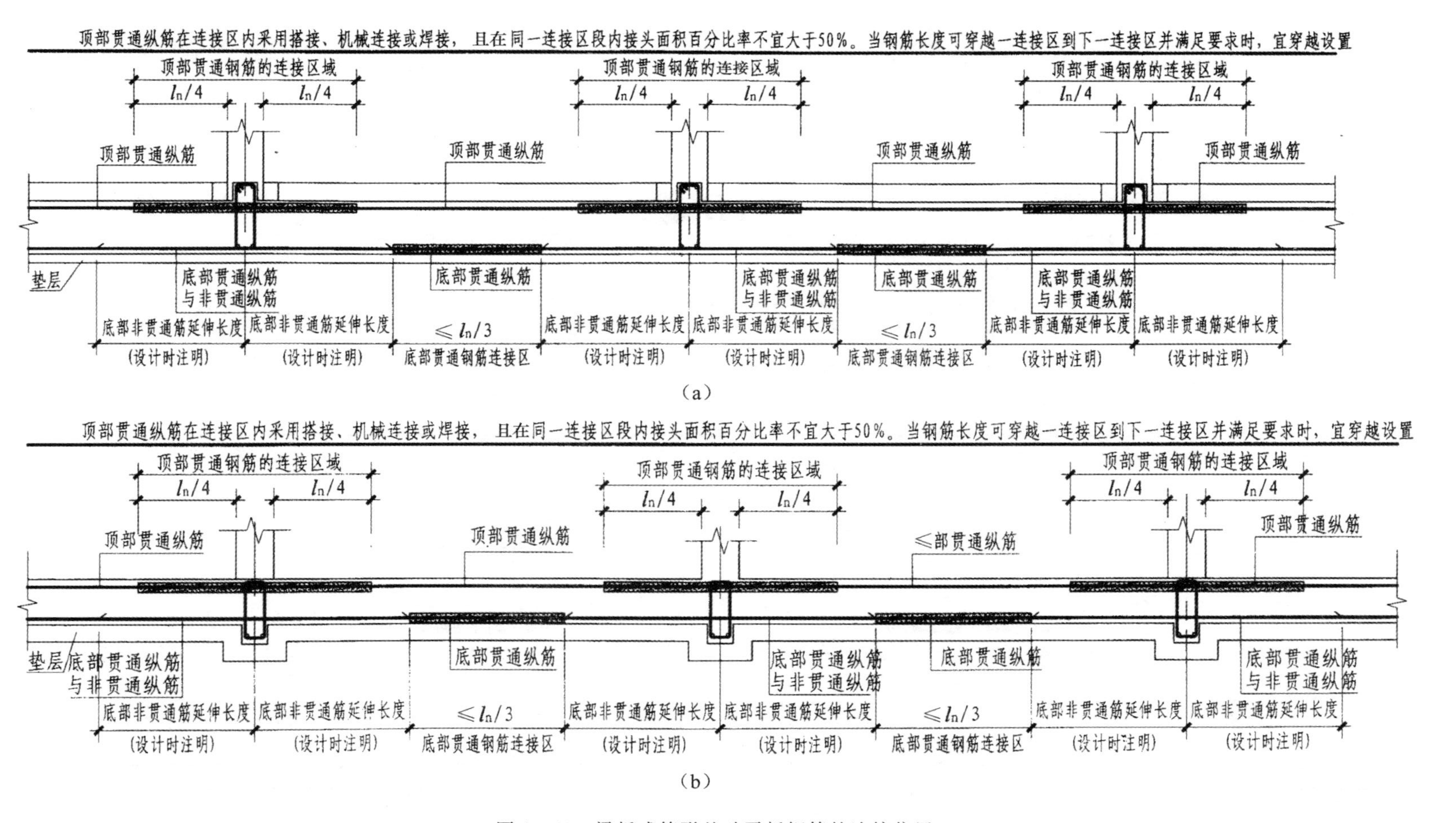

图1-43 梁板式筏形基础平板钢筋的连接位置

(a) 基础梁板底平；(b) 基础梁板顶平

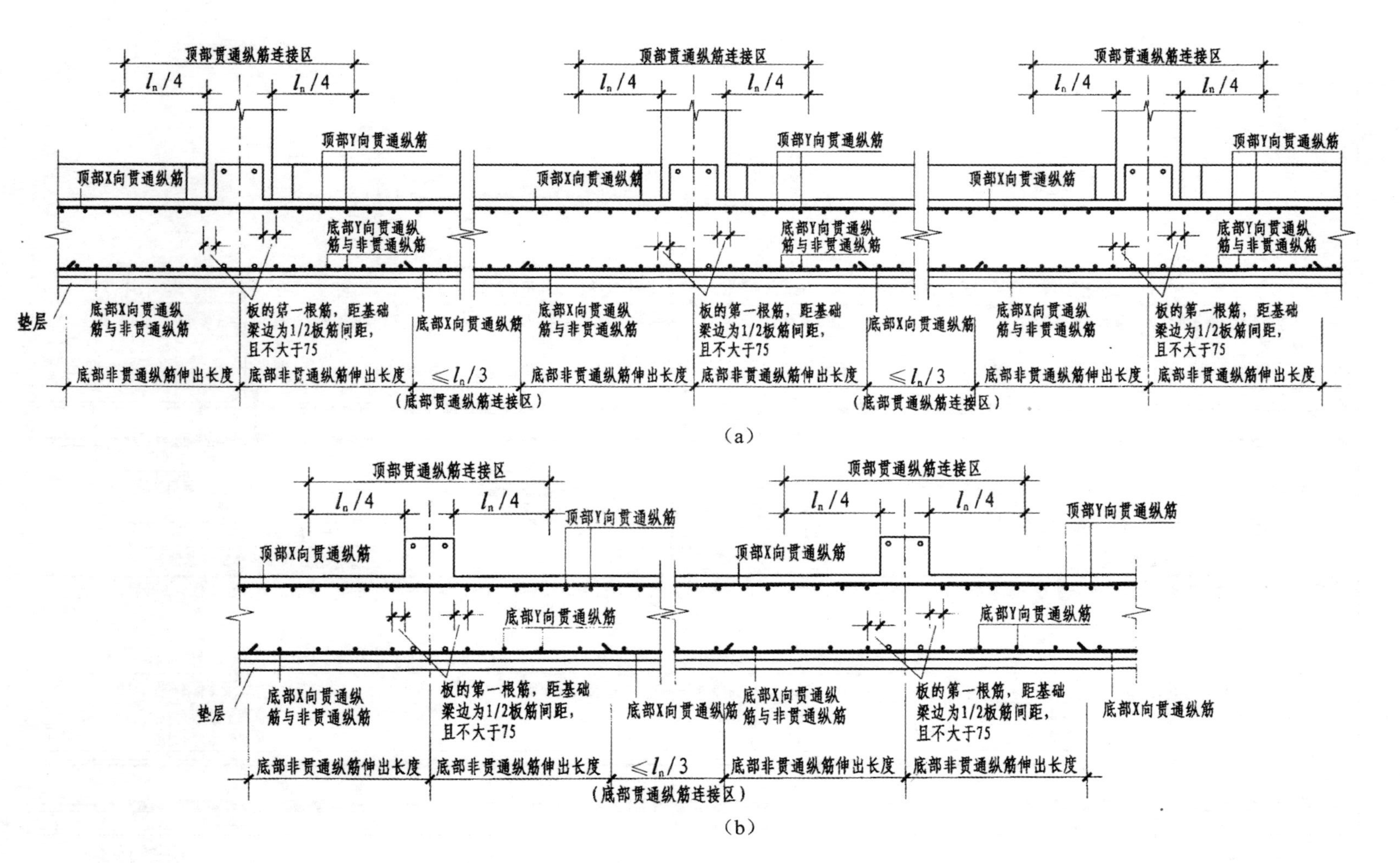

图 1-44　梁板式筏形基础平板钢筋构造
（a）柱下区域；（b）跨中区域

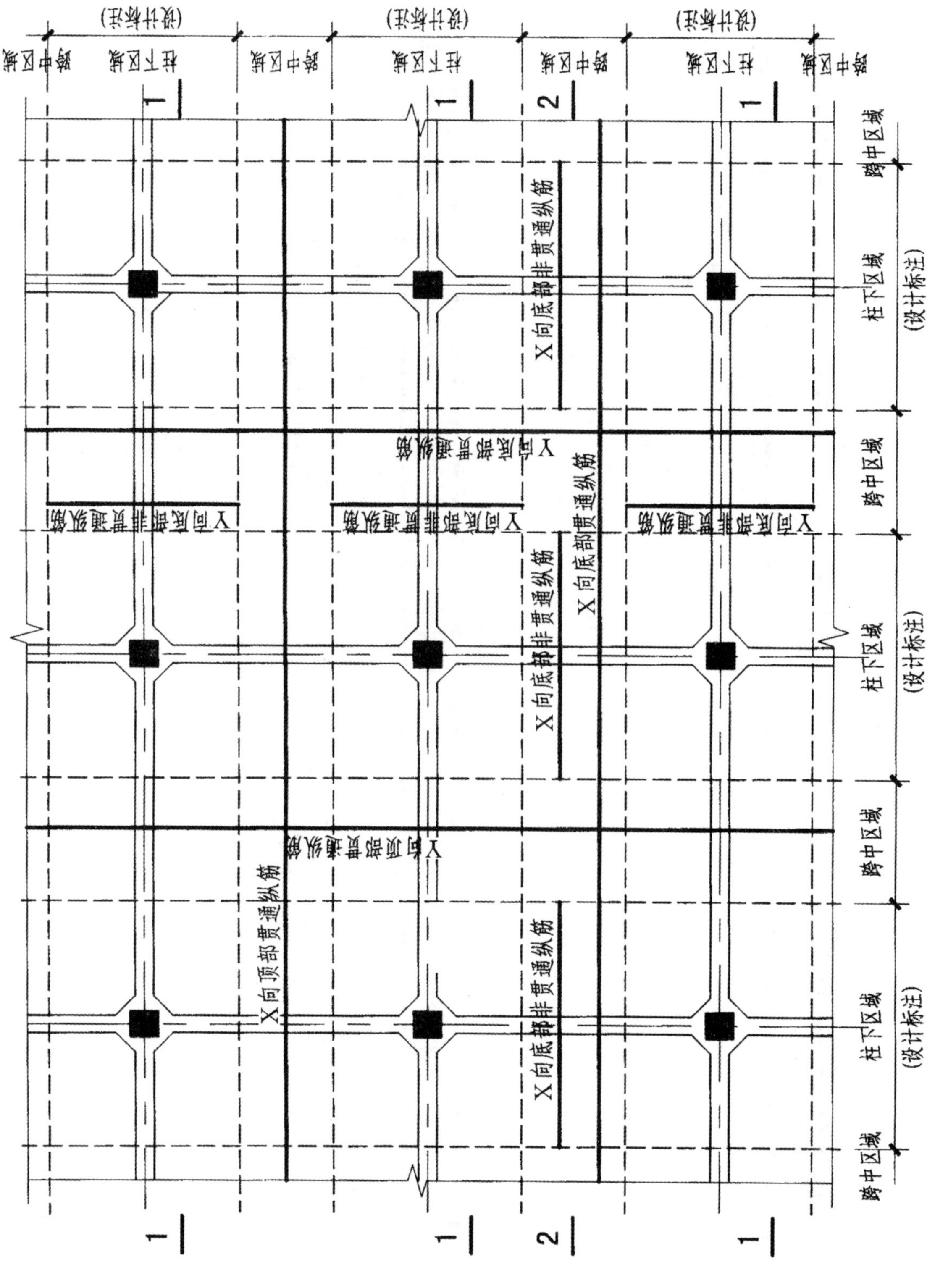

跨中区域

柱下区域
(设计标注)

跨中区域

柱下区域
(设计标注)

跨中区域

柱下区域
(设计标注)

跨中区域

X向顶部贯通纵筋

Y向顶部贯通纵筋

X向底部非贯通纵筋

Y向底部非贯通纵筋

X向底部贯通纵筋

Y向底部贯通纵筋

1—1

2—2

(a) 平面图

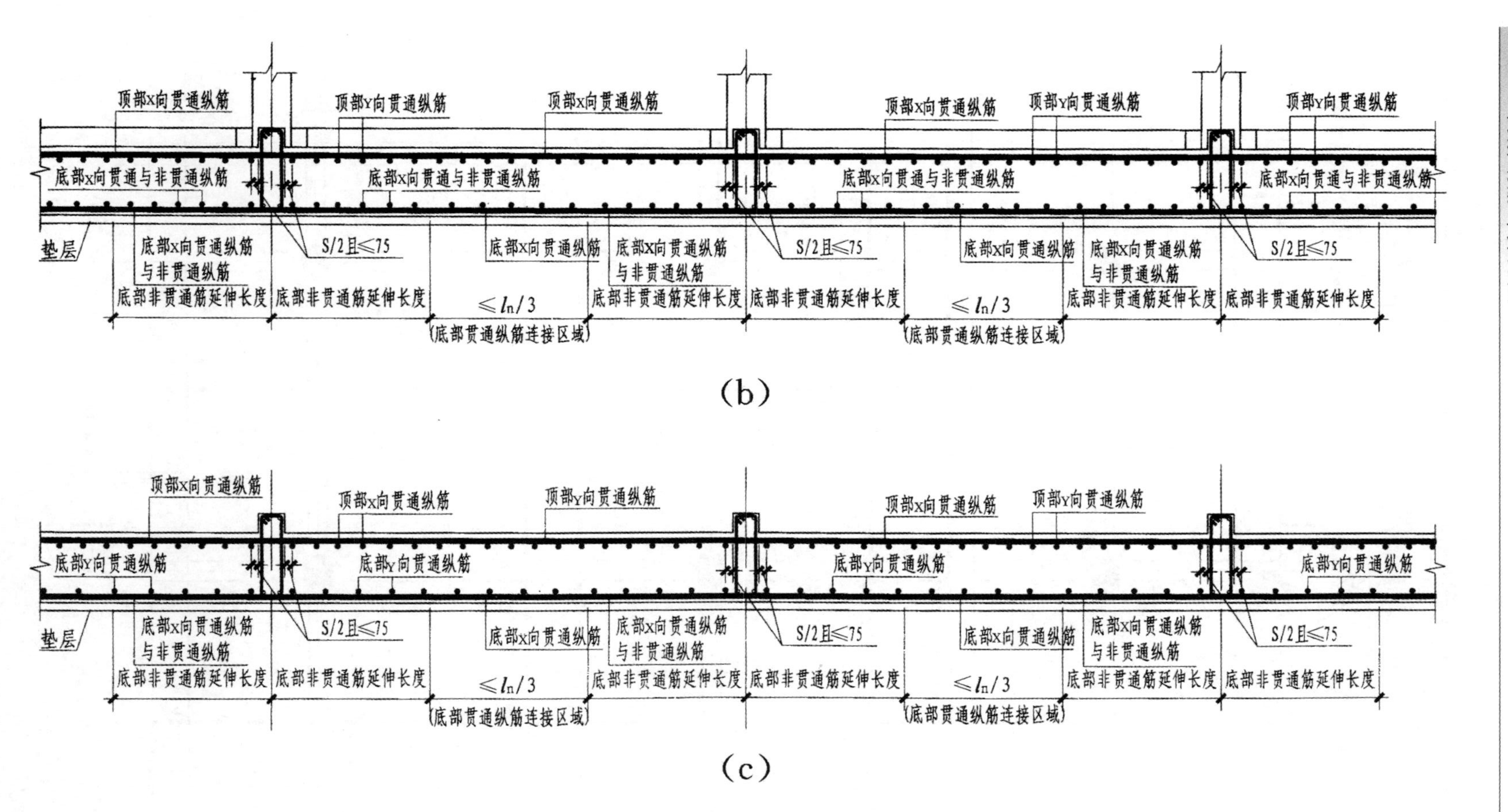

图 1－45　梁板式筏形基础底板纵向钢筋排布构造平面图

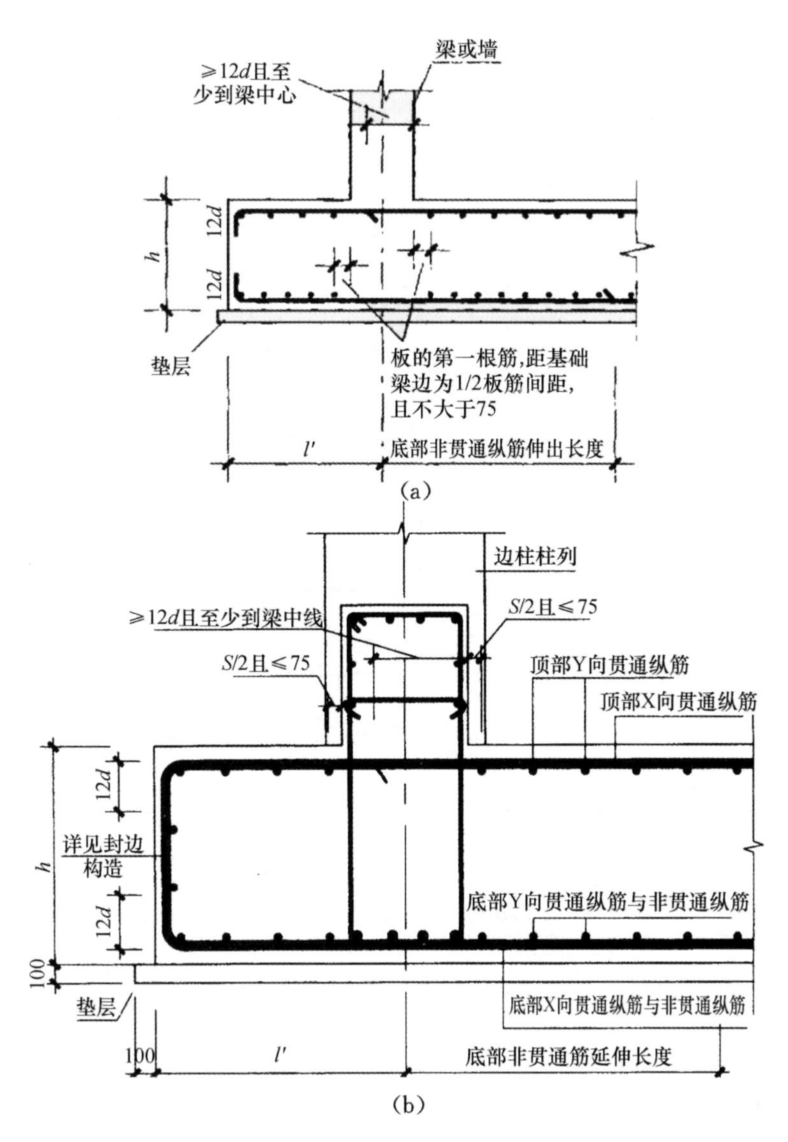

图 1－46　梁板式筏形基础端部等截面外伸构造

◆梁板式筏形基础端部变截面外伸构造

梁板式筏形基础端部变截面外伸构造如图 1－47 所示。

(1) 底部贯通纵筋伸至外伸尽端（留保护层），向上弯折 12d。

(2) 非外伸段顶部钢筋伸至梁内水平段长度不小于 12d，且至少到梁中线。

(3) 外伸段顶部纵筋伸入梁内长度不小于 12d，且至少到梁中线。

(4) 板外边缘应封边，封边构造如图 1－51 所示。

◆梁板式筏形基础端部无外伸构造

梁板式筏形基础端部无外伸构造如图 1－48 所示。

(1) 板的第一根筋，距基础梁边为 1/2 板筋间距，且不大于 75mm。

(2) 底板贯通纵筋与非贯通纵筋均伸至尽端钢筋内侧，向上弯折 15d，且从基础梁内侧起，伸入梁端部且水平段长度由设计指定。底部非贯通纵筋，从基础梁内边缘向跨内的延伸长度由

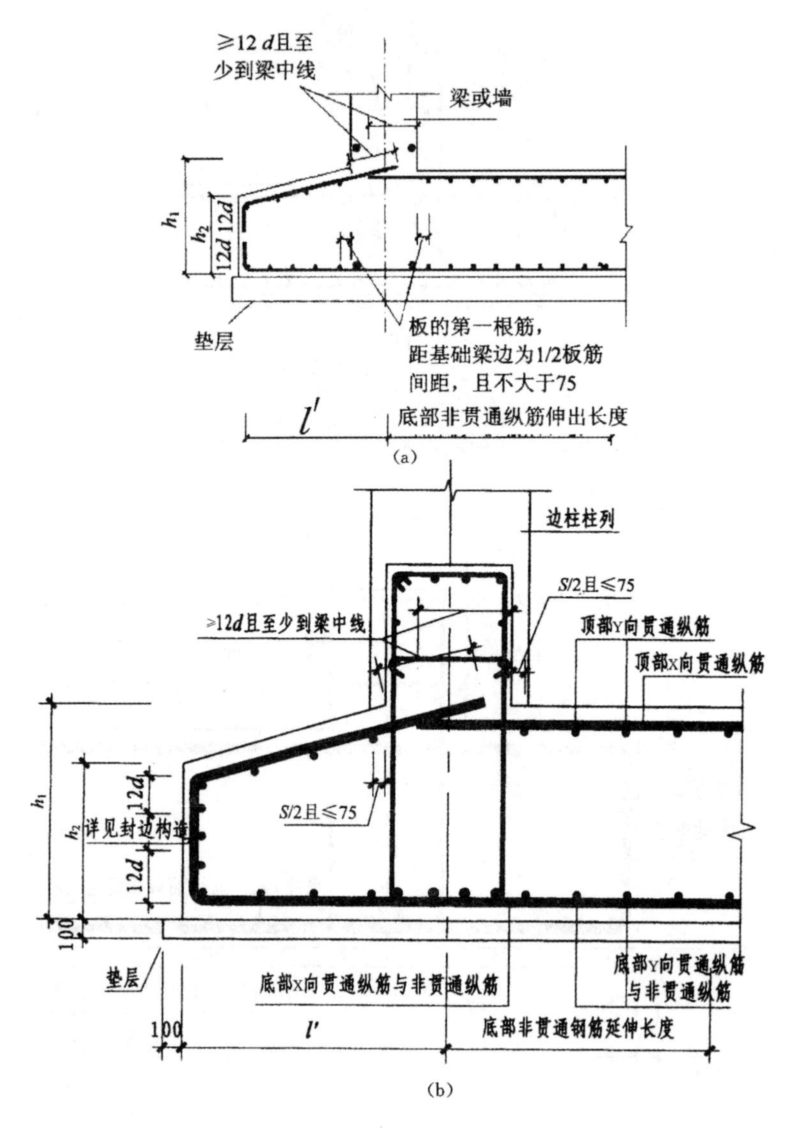

图 1-47　梁板式筏形基础端部变截面外伸构造

设计指定。

（3）顶部板筋伸至基础梁内的水平段长度不小于 $12d$，且至少到梁中线。

◆梁板式筏形基础中间变截面——板顶或板底有高差构造

（1）板顶有高差构造如图 1-49 所示。

1）板底钢筋同一般情况如图 1-44 所示。

2）板顶较低一侧上部钢筋直锚。

3）板顶较高一侧钢筋伸至尽端钢筋内侧，向下弯折 $15d$，当直锚长度足够时，可以直锚，不弯折。

（2）板底有高差构造如图 1-50 所示。

1）板顶钢筋同一般情况。

2）阴角部位注意避免内折角。板底较高一侧下部钢筋直锚；板底较低一侧钢筋伸至尽端弯

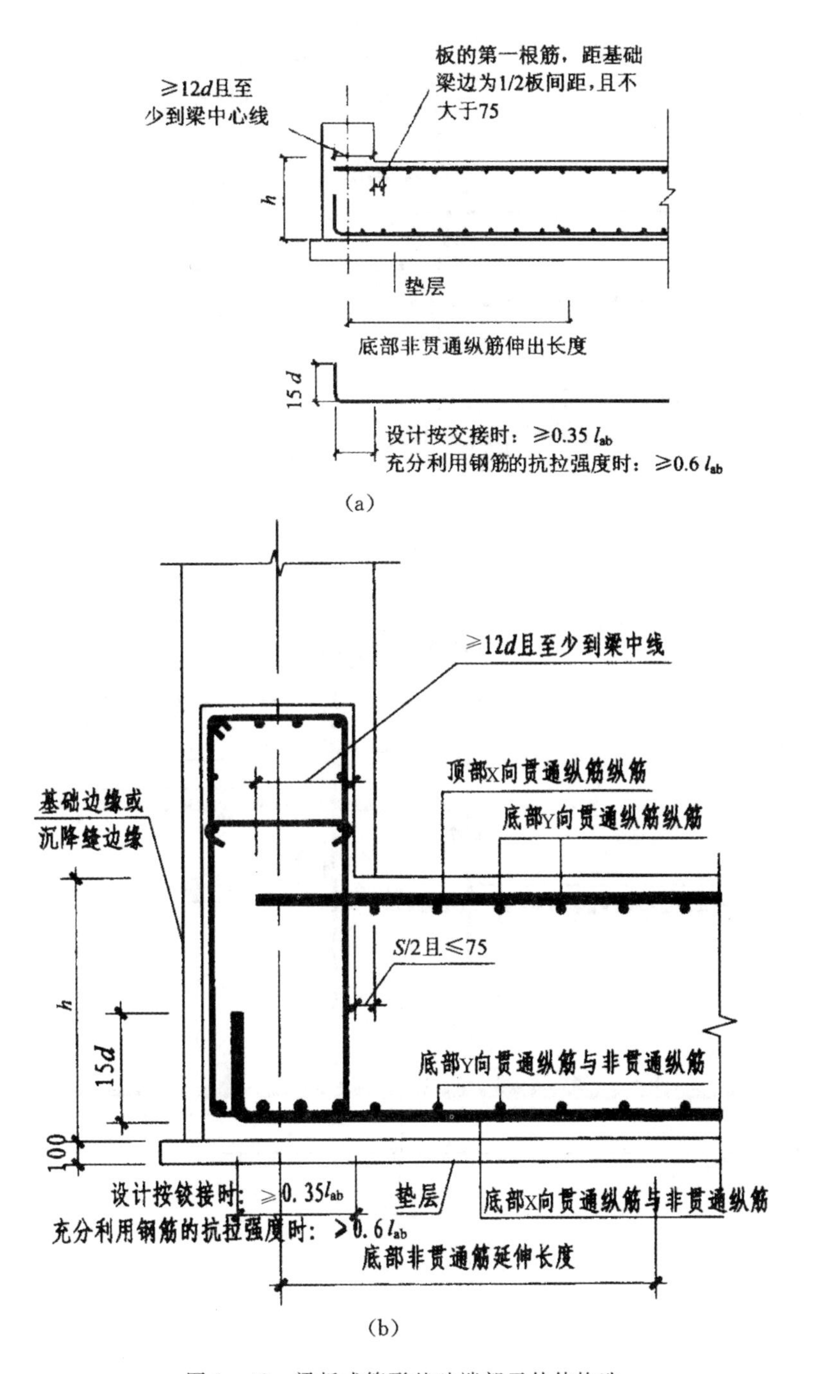

图 1－48 梁板式筏形基础端部无外伸构造

折，注意直锚长度的起算位置（构件边缘阴角角点处）。

◆梁板式筏形基础板封边构造

在板外伸构造中，板边缘需要进行封边。封边构造有U形筋构造封边方式（见图1－51）和纵筋弯钩交错封边方式（见图1－52）两种。

（1）U形封边即在板边附加U形构造封边筋，U形构造封边筋两端头水平段长度为

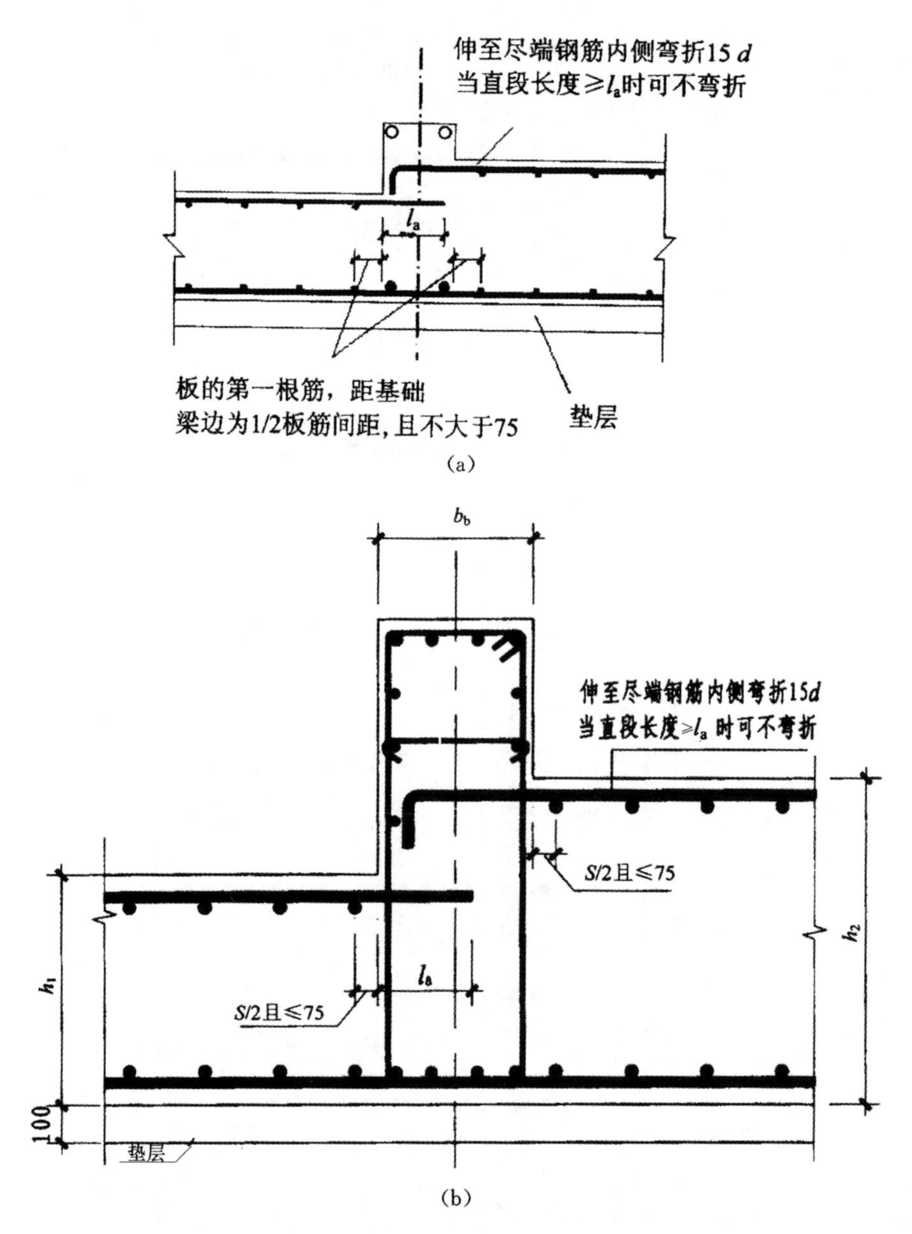

图 1-49　板顶有高差构造

max [15d，200]。

(2) 纵筋弯钩交错封边方式中，底部与顶部纵筋弯钩交错 150mm，且应有一根侧面构造纵筋与两交错弯钩绑扎。在封边构造中，注意板侧边的构造筋数量。

【实　　例】

【例 1-14】 计算如图 1-53 所示 LPB01 中的钢筋预算量。

【解】

保护层厚为 40mm，锚固长度 $L_a=30d$，不考虑接头。

(1) X 向底部贯通筋

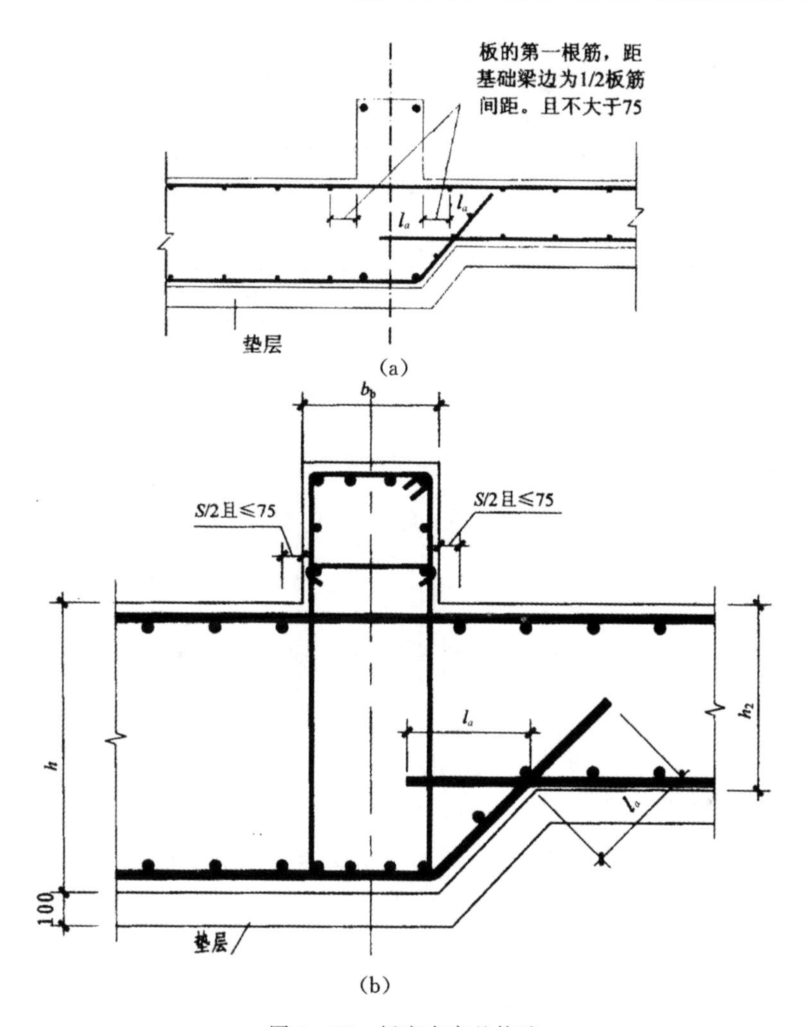

图 1-50 板底有高差构造

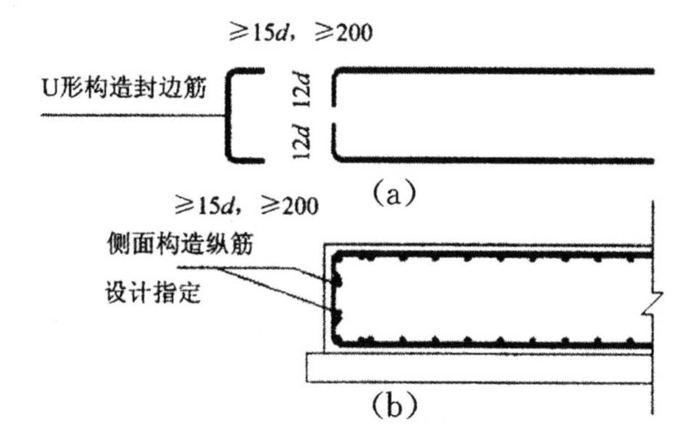

图 1-51 U 形筋构造封边方式

单根长度 $L=7300+6700+7000+6600+1500+400-40-20+15\times16-40+12\times16$

$=29832\text{mm}$

根数 $n=[8000\times2+400\times2-\min(200/2,75)\times2]/200+1$

≈85 根

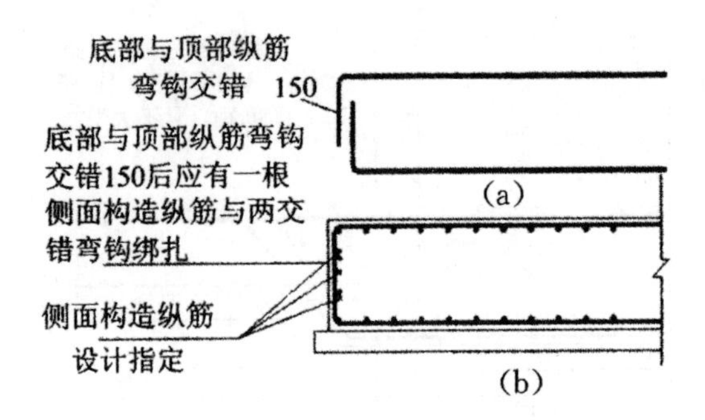

图 1-52　纵筋弯钩交错封边方式

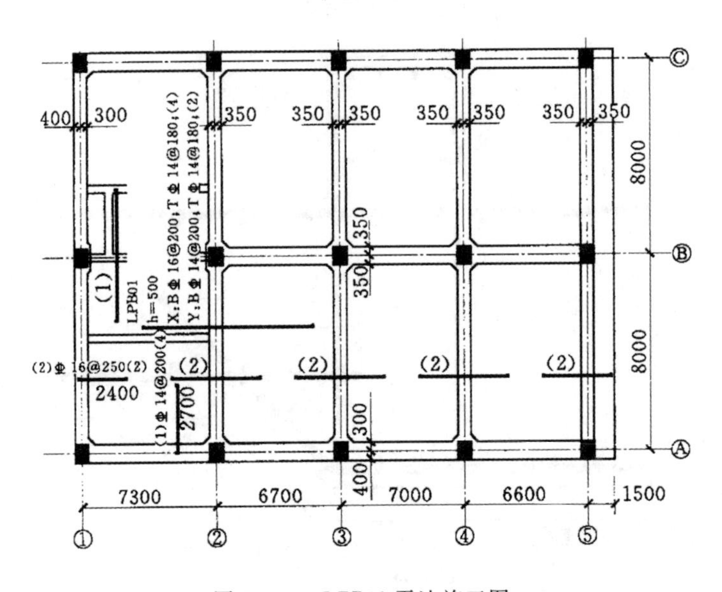

图 1-53　LPB01 平法施工图

注　外伸端采用 U 形封边构造，U 形钢筋为⌀ 20@300，封边外侧部构造筋为 2 ⌀ 8。

(2)Y 向底部贯通筋

单根长度 $L=8000\times2+400\times2-80-20\times2+15\times14\times2$

$=17100\text{mm}$

根数：

①～②根数$=(7300-650-2\times75)/200+1$

$\approx$34 根

②～③根数$=(6700-700-2\times75)/200+1$

$\approx$31 根

③～④根数$=(7000-700-2\times75)/200+1$

$\approx$32 根

④～⑤根数$=(6600-700-2\times75)/200+1$

$\approx$30 根

外伸部分$=(1500-350-2\times75)/200+1$

$=$6 根

总根数 n =34+31+32+30+6

=133 根

(3) X 向顶部贯通筋

单根长度 L =7300+6700+7000+6600+1500−300+max(12×14,700/2)−40+12×14

=29278mm

根数 n =[(8000−650−75×2)/180+1]×2

=82 根

(4)Y 向顶部贯通筋

单根长度 L =8000×2−600+max(12×14,700/2)×2

=16100mm

根数：

①~②根数=(7300−650−2×75)/180+1

≈38 根

②~③根数=(6700−700−2×75)/180+1

≈34 根

③~④根数=(7000−650−2×75)/180+1

≈36 根

④~⑤根数=(6600−700−2×75)/180+1

≈33 根

外伸部分=(1500−350−2×75)/180+1

≈7 根

总根数 n =38+34+36+33+7

=148 根

(5) ①号非贯通筋

1) A 和 C 轴线处①号筋

单根长度 L =2700+350−40−20+15×14

=3200mm

根数：

①~②根数=[(7300−650−2×75)/200+1]×2

≈68 根

②~③根数=[(6700−700−2×75)/200+1]×2

≈62 根

③~④根数=[(7000−700−2×75)/200+1]×2

≈64 根

④~⑤根数=[(6600−700−2×75)/200+1]×2

≈60 根

总根数 n =68+62+64+60

=254 根

2) B 轴线处①号筋

单根长度 L =2700×2

=5400mm

①～②根数=(7300－650－2×75)/200＋1

≈34 根

②～③根数=(6700－700－2×75)/200＋1

≈31 根

③～④根数=(7000－700－2×75)/200＋1

≈32 根

④～⑤根数=(6600－700－2×75)/200＋1

≈30 根

总根数 n =34＋31＋32＋30

=127 根

(6) ②号非贯通筋

1) ①轴线处的②号非贯通筋

单根长度 L =2400＋350－40－20＋15×16

=2930mm

根数 n =[(8000－650－2×75)/250＋1]×2

≈60 根

2)②～④轴线处的②号非贯通筋

单根长度 L =2400×2

=4800mm

根数 n =[(8000－650－2×75)/250＋1]×6

≈180 根

3) ⑤轴线处的②号非贯通筋

单根长度 L =2400＋1500－40＋12×16

=4052mm

根数 n =[(8000－650－2×75)/250＋1]×2

≈60 根

(7) U 形封边钢筋

单根长度 L =500－40×2＋max(15×20,200)×2

=1020mm

根数 n =(8000×2＋400×2－40×2－20×2)/300＋1

≈57 根

2

梁构件钢筋计算

2.1　楼层框架梁钢筋计算

常遇问题

1. 抗震楼层框架梁纵向钢筋构造有哪些要求？
2. 非抗震楼层框架梁纵向钢筋构造有哪些要求？
3. 楼层框架梁的上部通长筋如何计算？
4. 楼层框架梁支座负筋如何计算？

【计算方法】

◆抗震楼层框架梁钢筋构造

楼层框架梁纵向钢筋的构造要求包括上部纵筋构造、下部纵筋构造和节点锚固要求，如图2－1所示。

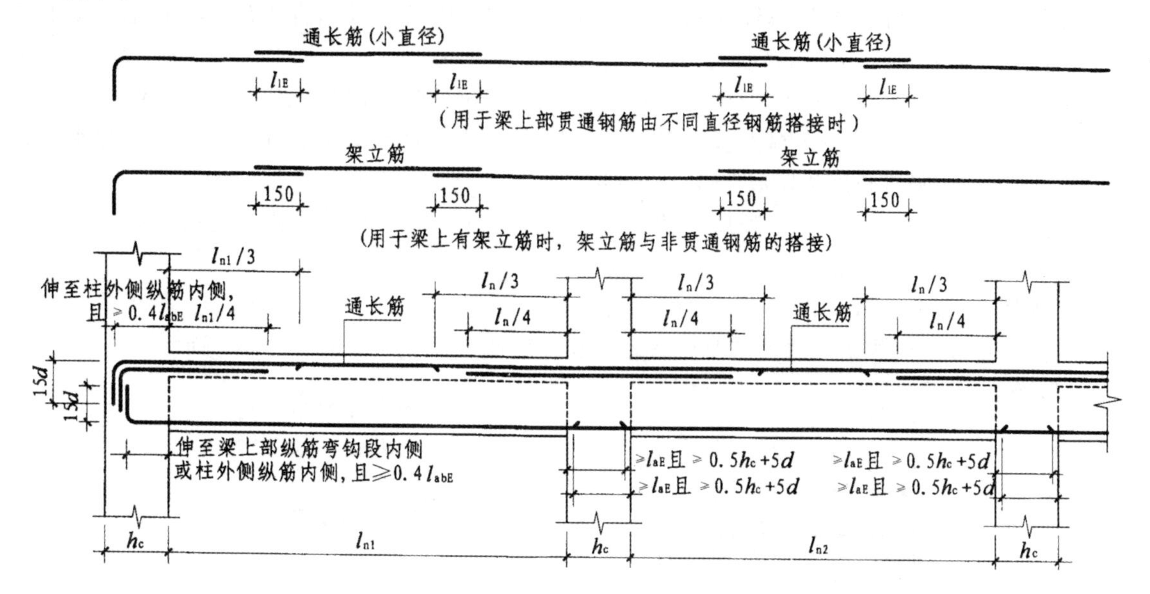

图2－1　抗震楼层框架梁钢筋构造

其主要内容有：

（1）框架梁端支座和中间支座上部非通长纵筋的截断位置

框架梁端部或中间支座上部非通长纵筋自柱边算起，其长度统一取值：非贯通纵筋位于第一排时为$l_n/3$，非贯通纵筋位于第二排时为$l_n/4$，若由多于三排的非通长钢筋设计，则依据设计确定具体的截断位置。

l_n取值：端支座处，l_n取值为本跨净跨值；中间支座处，l_n取值为左右两跨梁净跨值的较大值。

（2）抗震框架梁上部通长筋的构造要求

当跨中通长钢筋直径小于梁支座上部纵筋时，通常钢筋分别与梁两端支座上部纵筋搭接，

搭接长度为 l_{lE}，且按 100%接头面积百分率计算搭接长度。当通长钢筋直径与梁端上部纵筋相同时，将梁端支座上部纵筋中按通长筋的根数延伸至跨中 1/3 净跨范围内交错搭接、机械连接或者焊接。当采用搭接连接时，搭接长度为 l_{lE}，且当在同一连接区段时按 100%搭接接头面积百分率计算搭接长度，当不在同一区段内时，按 50%搭接接头面积百分率计算搭接长度。

当框架梁设置箍筋的肢数多于 2 根，且当跨中通长钢筋仅为 2 根时，补充设计的架立钢筋与非贯通钢筋的搭接长度为 150mm。

（3）架立筋

架立筋是梁的一种纵向构造钢筋。当梁顶面箍筋转角处无纵向受力钢筋时，应设置架立筋。架立筋的作用是形成钢筋骨架和承受温度收缩应力。

架立筋的根数＝箍筋的肢数－上部通长筋的根数

当梁的上部既有通长筋又有架立筋时，其中架立筋的搭接长度为 150mm。架立筋的长度是逐跨计算的，每跨梁的架立筋长度＝梁的净跨度－两端支座负筋的延伸长度＋150×2。

（4）抗震框架梁上部与下部纵筋在端支座锚固要求

抗震楼层框梁上部与下部纵筋在端支座的锚固要求有：

1）直锚形式。楼层框架梁中，当柱截面沿框架方向的高度 h_c 比较大，即 h_c 减柱保护层 c 大于或等于纵向受力钢筋的最小锚固长度时，纵筋在端支座可以采用直锚形式。直锚长度取值应满足条件 $\max(l_{aE}，0.5h_c+5d)$，如图 2－2 所示。

2）弯锚形式。当柱截面沿框架方向的高度 h_c 比较小，即 h_c 减柱保护层 c 小于纵向受力钢筋的最小锚固长度时，纵筋在端支座应采用弯锚形式。纵筋伸入梁柱节点的锚固要求为水平长度取值≥$0.4l_{abE}$，竖直长度为 $15d$。通常，弯锚的纵筋伸至柱截面外侧钢筋的内侧。

注意：弯折锚固钢筋的水平长度取值≥$0.4l_{abE}$，是设计构件截面尺寸和配筋时要考虑的条件，而不是钢筋量计算的依据。

3）加锚头/锚板形式。楼层框架梁中，纵筋在端支座可以采用加锚头/锚板锚固形式。锚头/锚板伸至柱截面外侧纵筋的内侧，且锚入水平长度取值≥$0.4l_{abE}$，如图 2－3 所示。

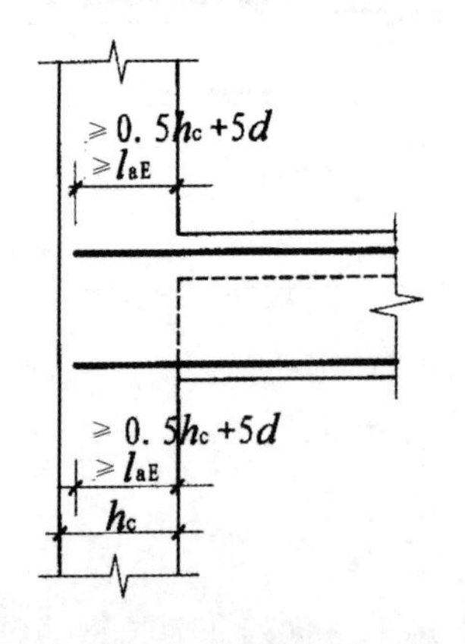

图 2－2　纵筋在端支座直锚构造

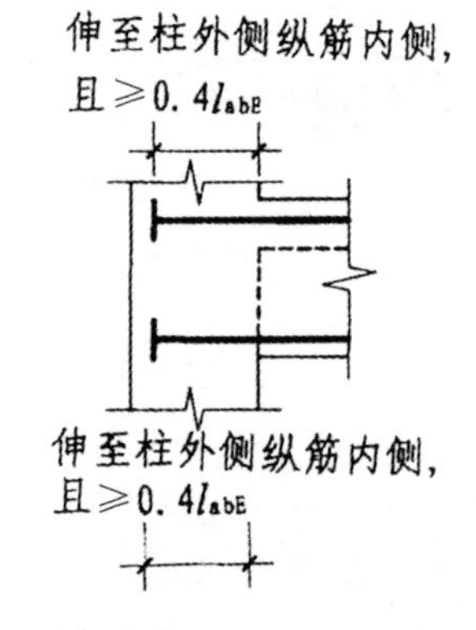

图 2－3　纵筋在端支座加锚头/锚板构造

（5）抗震框架梁下部纵筋在中间支座锚固和连接的构造要求

抗震框架梁下部纵筋在中间支座的锚固要求为：纵筋伸入中间支座的锚固长度取值为 $\max(l_{aE}，0.5h_c+5d)$。弯折锚入的纵筋与同排纵筋净距不应小于 25mm。

抗震框架梁下部纵筋可贯通中柱支座。在内力较小的位置连接，连接范围为抗震箍筋加密

区以外至柱边缘 $l_n/3$ 位置（l_n 为梁净跨长度值），钢筋连接接头百分率不应大于 50%。

（6）抗震框架梁下部纵筋在中间支座节点外搭接

抗震框架梁下部纵筋不能在柱内锚固时，可在节点外搭接，如图 2－4 所示。相邻跨钢筋直径不同时，搭接位置位于较小直径的一跨。

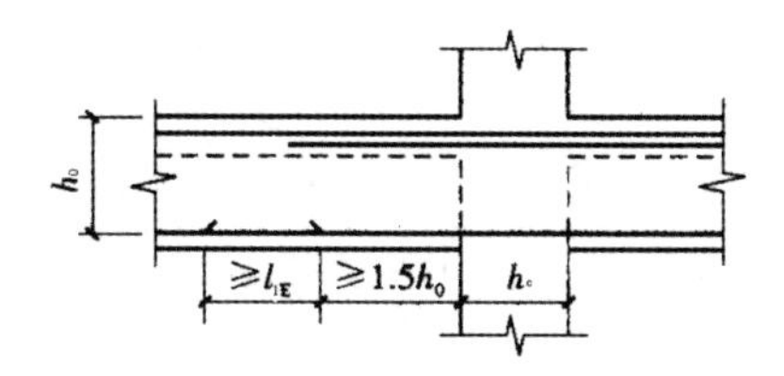

图 2－4　中间层中间节点梁下部筋在节点外搭接构造

◆**非抗震楼层框架梁钢筋构造**

非抗震楼层框架梁纵向钢筋的构造如图 2－5 所示。

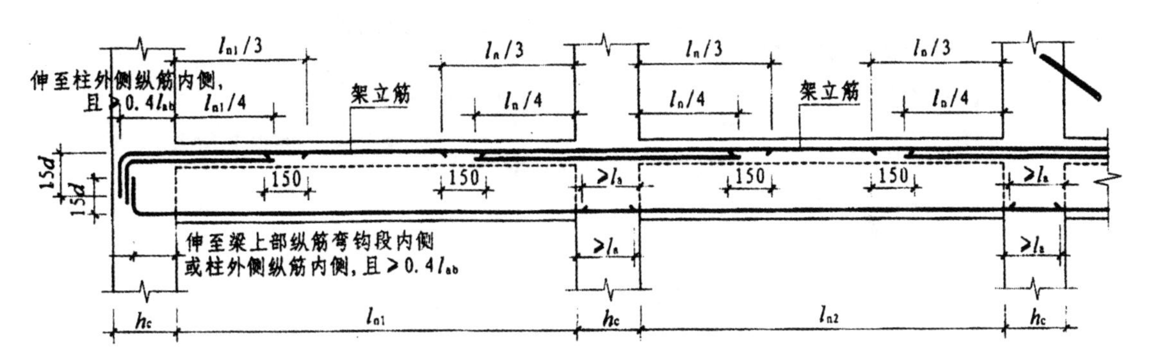

图 2－5　非抗震楼层框架梁纵向钢筋构造

（1）框架梁端支座和中间支座上部非通长纵筋的截断位置

框架梁端部或中间支座上部非通长纵筋自柱边算起，其长度统一取值：非贯通纵筋位于第一排时为 $l_n/3$，非贯通纵筋位于第二排时为 $l_n/4$，若有多于三排的非通长钢筋设计，则依据设计确定具体的截断位置。

l_n 取值：端支座处，l_n 取值为本跨净跨值；中间支座处，l_n 取值为左右两跨梁净跨值的较大值。

（2）非抗震框架梁上部通长筋和下部受力钢筋的构造要求

非抗震框架梁的架立钢筋分别与梁两端支座上部纵筋构造搭接，长度为 150mm，且应有一道箍筋位于该长度范围内，同时与构造搭接的两根钢筋交叉绑扎在一起。

非框架梁的下部纵筋可采用搭接、机械连接或焊接等方式在梁靠近支座 $l_{ni}/3$ 范围内连接，即支座范围内 $l_{ni}/3$ 的位置为下部纵筋在支座和节点范围之外的连接区域，连接的根数不应多于总根数的 50%。

（3）非抗震楼层框架梁上部与下部纵筋在端支座的锚固要求

非抗震楼层框梁上部与下部纵筋在端支座的锚固要求如下：

1）直锚形式。非抗震框架梁中，当柱截面沿框架方向的高度 h_c 比较大，即 h_c 减柱保护层 c 大于或等于纵向受力钢筋的最小锚固长度时，纵筋在端支座可以采用直锚形式。直锚长度取值应满足条件 max(l_a，$0.5h_c+5d$)，如图 2-6 所示。

2）弯锚形式。当柱截面沿框架方向的高度 h_c 比较小，即 h_c 减柱保护层 c 小于纵向受力钢筋的最小锚固长度时，纵筋在端支座应采用弯锚形式。纵筋伸入梁柱节点的锚固要求为水平长度取值≥$0.4l_{ab}$，竖直长度为 $15d$。通常，弯锚的纵筋伸至柱截面外侧钢筋的内侧。

注意：弯折锚固钢筋的水平长度取值≥$0.4l_{ab}$，是设计构件截面尺寸和配筋时要考虑的条件，而不是钢筋量计算的依据。

3）加锚头/锚板形式。非抗震框架梁中，纵筋在端支座可以采用加锚头/锚板锚固形式。锚头/锚板伸至柱截面外侧纵筋的内侧，且锚入水平长度取值≥$0.4l_{ab}$，如图 2-7 所示。

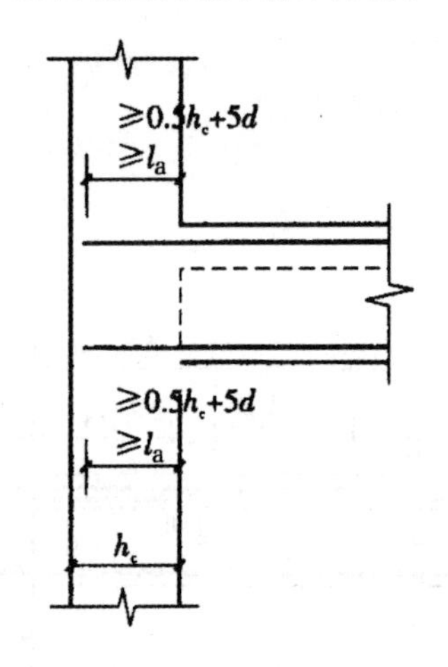

图 2-6　纵筋在端支座直锚构造

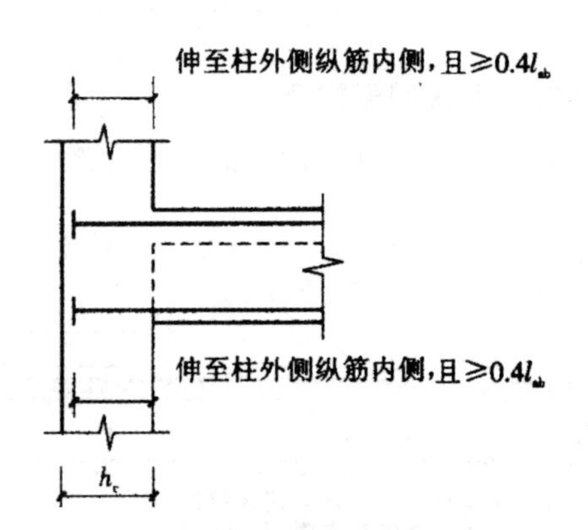

图 2-7　纵筋在端支座加锚头/锚板构造

（4）非抗震框架梁下部纵筋在中间支座锚固和连接的构造要求

非抗震框架梁下部纵筋在中间支座的锚固有直锚和弯锚两种形式。直锚的构造措施为纵筋伸入中间支座的锚固长度取值为 l_a；弯锚的构造要求为下部纵筋伸入中间节点柱内侧边缘（水平段的构造要求为≥$0.4l_{ab}$），竖直弯折 $15d$。

非抗震框架梁下部纵筋可贯通中柱支座，梁端 $l_n/3$ 范围内连接（l_n 为梁净跨长度值），钢筋连接接头百分率不宜大于 50%。

（5）非抗震框架梁下部纵筋在中间支座节点外搭接

非抗震框架梁下部纵筋不能在柱内锚固时，可在节点外搭接，如图 2-8 所示。相邻跨钢筋直径不同时，搭接位置位于较小直径的一跨。

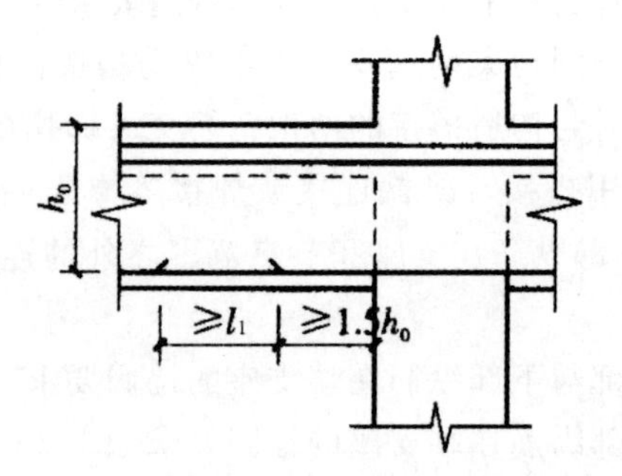

图 2-8　中间层中间节点梁下部筋在节点外搭接构造

【实 例】

【例 2-1】 KL1（3）平法施工图如图 2-9 所示。试求 KL1（3）的上部通长筋，其中，混凝土强度等级为 C30，抗震等级为一级。

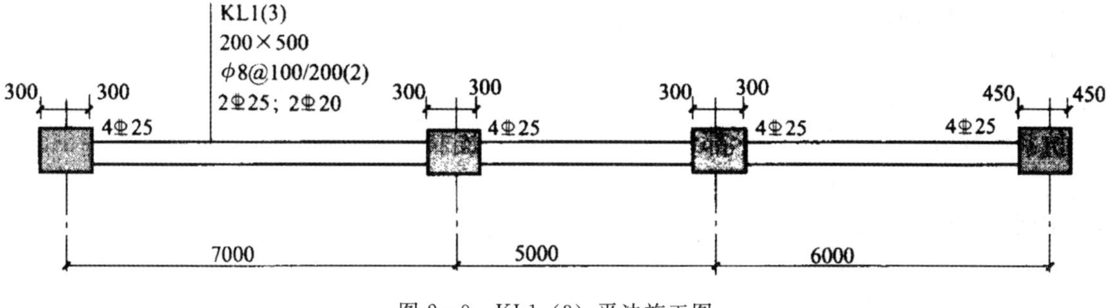

图 2-9 KL1（3）平法施工图

【解】

由混凝土强度等级 C30 和一级抗震，查表 1-1 得：梁纵筋混凝土保护层厚度 $c_{梁}=20mm$，支座纵筋混凝土保护层厚度 $c_{支座}=30mm$。

（1）$l_{aE}=34d$

$=34\times25$

$=850mm$

（2）判断锚固形式。

左支座 $600<l_{aE}$，故采用弯锚形式；右支座 $900>l_{aE}$，故采用直锚形式。

左支座锚固长度 $=h_c-c_{梁}+15d$

$=600-20+15\times25$

$=955mm$

右支座锚固长度 $=\max(0.5h_c+5d,l_{aE})$

$=\max(0.5\times900+5\times25,850)$

$=850mm$

（3）通长筋长度＝净长＋左支座锚固长度＋右支座锚固长度

$=(700+5000+6000-750)+955+850$

$=12755mm$

【例 2-2】 KL2 平法施工图如图 2-10 所示。试求 KL2 的上部通长筋，其中，混凝土强度等级为 C30，抗震等级为一级。

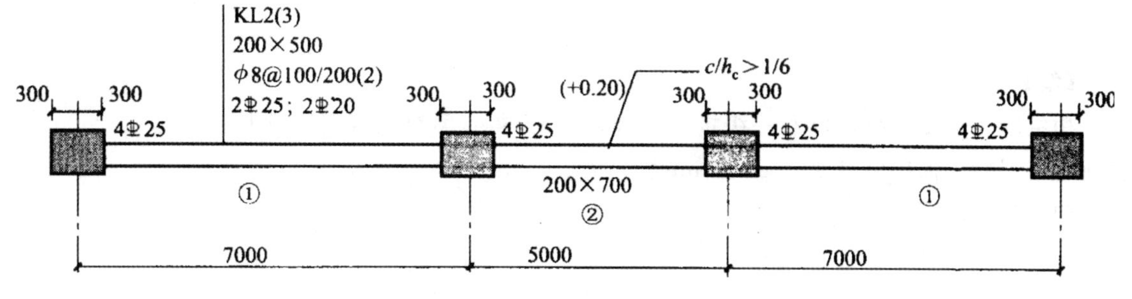

图 2-10 KL2 平法施工图

【解】

由混凝土强度等级C30和一级抗震，查表1-1得：梁纵筋混凝土保护层厚度$c_{梁}=20$mm，支座纵筋混凝土保护层厚度$c_{支座}=30$mm。

由于$\Delta/h_c>1/6$，故上部通长筋按断开各自锚固计算。

（1）1号筋（低标高钢筋）长度＝净长＋两端锚固长度

净长＝7000－600

　　＝6400mm

端支座弯锚＝600－20＋15×25

　　　　＝955mm

中间支座直锚＝l_{aE}

　　　　　＝$34d$

　　　　　＝34×25

　　　　　＝850mm

总长＝6400＋955＋850

　　＝8205mm

（2）2号筋（高标高钢筋）长度＝净长＋两端锚固长度

净长＝5000－600

　　＝4400mm

两端伸入中间支座弯锚＝600－20＋15×25

　　　　　　　　　＝955mm

总长＝4400＋955＋955

　　＝6310mm

【例2-3】 KL3平法施工图如图2-11所示。试求KL3的下部通长筋，其中，混凝土强度等级为C30，抗震等级为一级。

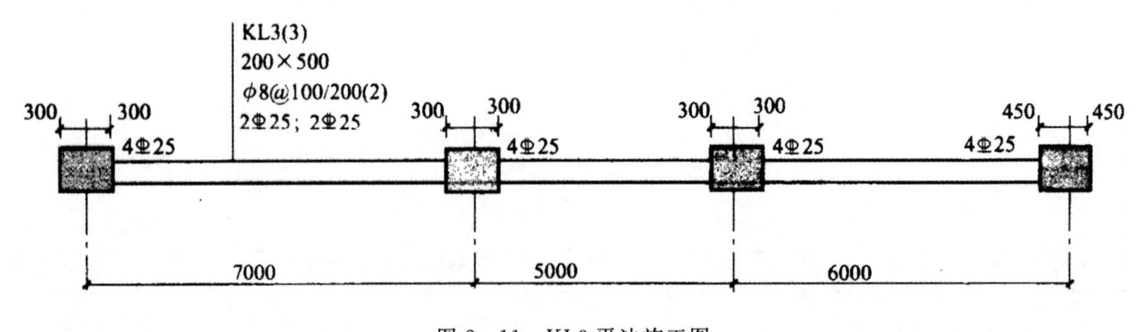

图2-11 KL3平法施工图

【解】

由混凝土强度等级C30和一级抗震，查表1-1得：梁纵筋混凝土保护层厚度$c_{梁}=20$mm，支座纵筋混凝土保护层厚度$c_{支座}=30$mm。

（1）$l_{aE}=34d$

　　＝34×25

　　＝850mm

（2）判断锚固形式。

左支座 600mm<l_{aE}，故需要弯锚形式；右支座 900mm>l_{aE}，故采用直锚形式。

左支座弯锚长度$=h_c-c_{梁}+15d$

$=600-20+15\times25$

$=955$mm

右支座弯锚长度$=\max(0.5h_c+5d, l_{aE})$

$=\max(0.5\times900+5\times25, 850)$

$=850$mm

（3）下部通长筋总长度＝净长＋左支座锚固长度＋右支座锚固长度

＝(7000＋5000＋6000－750)＋955＋850

＝19055mm

【例 2－4】 KL4 平法施工图如图 2－12 所示。试求 KL4 的下部通常纵筋，其中，混凝土强度等级为 C30，抗震等级为一级。

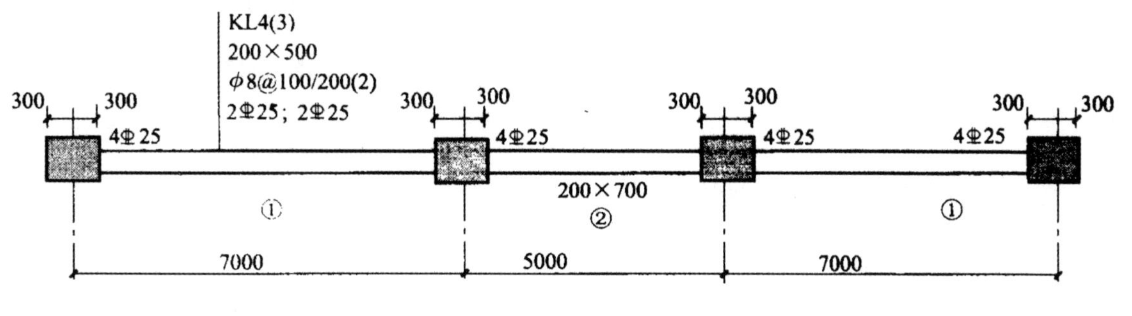

图 2－12　KL4 平法施工图

【解】

由混凝土强度等级 C30 和一级抗震，查表 1－1 得：梁纵筋混凝土保护层厚度 $c_{梁}=20$mm，支座纵筋混凝土保护层厚度 $c_{支座}=30$mm。

（1）1 号筋（高标高钢筋）长度＝净长＋一端直锚长＋一端弯锚长

净长＝7000－600

＝6400mm

端支座弯锚长＝600－20＋15×25

＝955mm

中间支座直锚长$=l_{aE}$

$=34d$

$=34\times25$

$=850$mm

总长＝6400＋955＋850

＝8205mm

（2）2 号筋（低标高钢筋）长度＝净长＋两端锚固长度

净长＝5000－600

＝4400mm

两端伸入中间支座弯锚长＝600－20＋15×25

＝955mm

总长＝4400＋955＋955

＝6310mm

【例 2－5】 KL5 平法施工图如图 2－13 所示。试求 KL5 的支座负筋，其中，混凝土强度等级为 C30，抗震等级为一级。

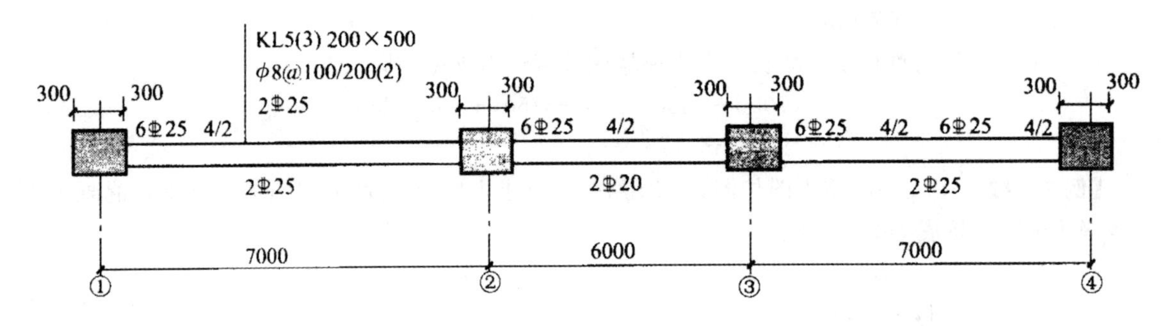

图 2－13 KL5 平法施工图

【解】

由混凝土强度等级 C30 和一级抗震，查表 1－1 得：梁纵筋混凝土保护层厚度 $c_{梁}$＝20mm，支座纵筋混凝土保护层厚度 $c_{支座}$＝30mm。

(1) 支座 1（端支座）负筋长度＝延伸长度＋伸入支座锚固长度

第一排支座负筋（2 根）：

锚固长度＝$h_c－c_{梁}＋15d$

＝600－20＋15×25

＝955mm

延伸长度＝$l_n/3$

＝(7000－600)/3

≈2133mm

总长＝2133＋955

＝3088mm

第二排支座负筋（2 根）：

锚固长度＝$h_c－c_{梁}＋15d$

＝600－20＋15×25

＝955mm

延伸长度＝$l_n/4$

＝(7000－600)/4

＝1600mm

总长＝1600＋955

＝2555mm

(2) 支座2(中间支座)负筋长度＝支座宽度＋两端延伸长度

第一排支座负筋(2根):

延伸长度＝max(7000－600,6000－600)/3

　　　　＝2133mm

总长＝600＋2×2133

　　＝4866mm

第二排支座负筋(2根):

延伸长度＝max(7000－600,6000－600)/4

　　　　＝1600mm

总长＝600＋2×1600

　　＝3800mm

(3) 支座3负筋:同支座2。

(4) 支座4负筋:同支座1。

【例2-6】 KL6平法施工图如图2-14所示。试求KL6的支座负筋,其中,混凝土强度等级为C30,抗震等级为一级。

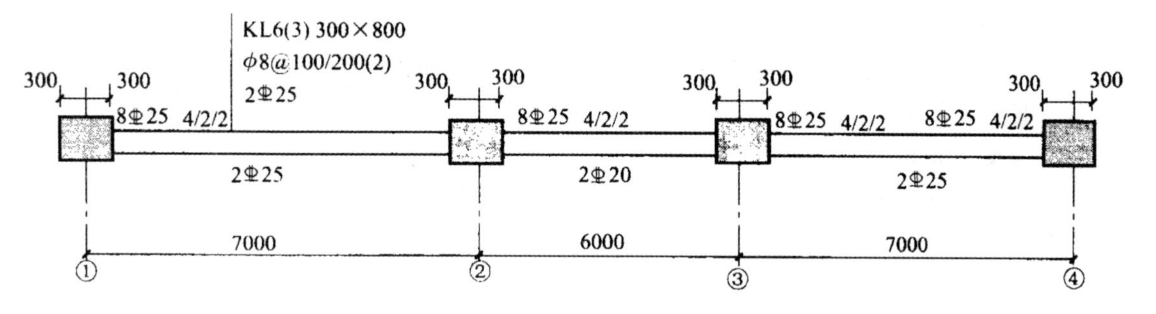

图2-14　KL6平法施工图

【解】

由混凝土强度等级C30和一级抗震,查表1-1得:梁纵筋混凝土保护层厚度$c_{梁}$＝20mm,支座纵筋混凝土保护层厚度$c_{支座}$＝30mm。

(1) 支座1(端支座)负筋长度＝延伸长度＋伸入支座锚固长度

第一排支座负筋(2根):

锚固长度＝$h_c-c_{梁}+15d$

　　　　＝600－20＋15×25

　　　　＝955mm

延伸长度＝$l_n/3$

　　　　＝(7000－600)/3

　　　　≈2133mm

总长＝2133＋955

　　＝3088mm

第二排支座负筋(2根):

锚固长度$=h_c-c_{梁}+15d$

$=600-20+15\times25$

$=955mm$

延伸长度$=l_n/4$

$=(7000-600)/4$

$=1600mm$

总长$=1600+955$

$=2555mm$

第三排支座负筋（2 根）：

锚固长度$=h_c-c_{梁}+15d$

$=600-20+15\times25$

$=955mm$

延伸长度$=l_n/5$

$=(7000-600)/5$

$=1280mm$

总长$=1280+955$

$=2235mm$

（2）支座 2（中间支座）负筋长度＝支座宽度＋两端延伸长度

第一排支座负筋（2 根）：

延伸长度$=\max(7000-600,6000-600)/3$

$\approx2133mm$

总长$=600+2\times2133$

$=4866mm$

第二排支座负筋（2 根）：

延伸长度$=\max(7000-600,6000-600)/4$

$=1600mm$

总长$=600+2\times1600$

$=3800mm$

第三排支座负筋（2 根）：

延伸长度$=\max(7000-600,6000-600)/5$

$=1280mm$

总长$=600+2\times1280$

$=3160mm$

（3）支座 3 负筋：同支座 2。

（4）支座 4 负筋：同支座 1。

【例 2－7】 KL7 平法施工图如图 2－15 所示。试求 KL7 的支座负筋，其中，混凝土强度等级为 C30，抗震等级为一级。

【解】

由混凝土强度等级 C30 和一级抗震，查表 1－1 得：梁纵筋混凝土保护层厚度 $c_{梁}=20mm$，

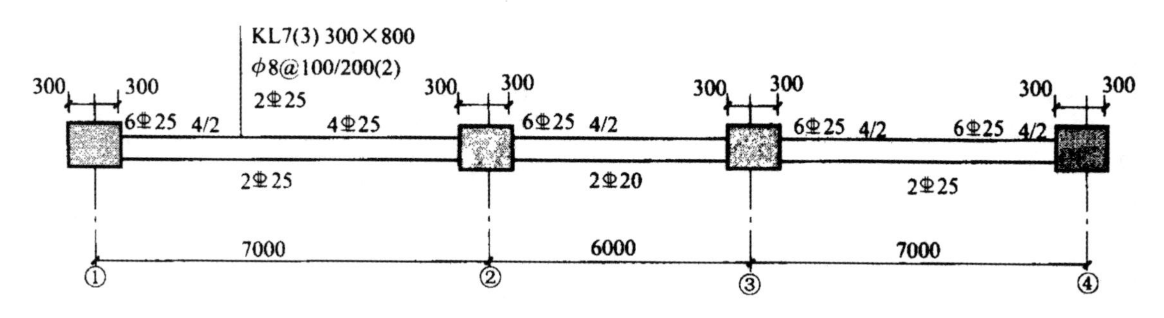

图 2-15 KL7 平法施工图

支座纵筋混凝土保护层厚度 $c_{支座}=30$mm。

(1) 支座 1（端支座）负筋长度＝延伸长度＋伸入支座锚固长度

第一排支座负筋（2 根）：

锚固长度＝$h_c-c_{梁}+15d$

＝600－20＋15×25

＝955mm

延伸长度＝$l_n/3$

＝(7000－600)/3

≈2133mm

总长＝2133＋955

＝3088mm

第二排支座负筋（2 根）：

锚固长度＝$h_c-c_{梁}+15d$

＝600－20＋15×25

＝955mm

延伸长度＝$l_n/4$

＝(7000－600)/4

＝1600mm

总长＝1600＋955

＝2555mm

(2) 支座 2（中间支座）负筋长度＝支座宽度＋两端延伸长度

第一排支座负筋（2 根）：

延伸长度＝max(7000－600,6000－600)/3

≈2133mm

总长＝600＋2×2133

＝4866mm

支座 2 右侧多出的负筋：

端支座负筋计算公式：延伸长度＋伸入支座锚固长度

第二排支座负筋（2 根）：

锚固长度$=h_c-c_{梁}+15d$

$=600-20+15\times25$

$=955mm$

延伸长度=max(7000－600,6000－600)/4

＝1600mm

总长＝955＋1600

＝2555mm

(3) 支座3（中间支座）负筋长度＝支座宽度＋两端延伸长度

第一排支座负筋（2根）：

延伸长度=max(7000－600,6000－600)/3

≈2133mm

总长＝600＋2×2133

＝4886mm

第二排支座负筋（2根）：

延伸长度=max(7000－600,6000－600)/4

＝1600mm

总长＝600＋2×1600

＝3800mm

(4) 支座4负筋：同支座1。

2.2 屋面框架梁钢筋计算

常遇问题

1. 抗震屋面框架梁纵向钢筋构造有哪些要求？
2. 非抗震屋面框架梁纵向钢筋构造有哪些要求？
3. 屋面框架梁的上部通长筋如何计算？
4. 屋面框架梁的下部通长筋如何计算？

【计算方法】

◆抗震屋面框架梁钢筋构造

屋面框架梁纵筋构造如图2－16所示。

1）梁上下部通长纵筋的构造。上部通长纵筋伸至尽端弯折伸至梁底，下部通长纵筋伸至梁上部纵筋弯钩段内侧，弯折15d，锚入柱内的水平段均应$\geqslant 0.4l_{abE}$；当柱宽度较大时，上部纵筋和下部纵筋在中间支座处伸入柱内的直锚长度$\geqslant l_{aE}$且$\geqslant 0.5h_c+d$（h_c为柱截面沿框架方向的高度，d为钢筋直径）。

2）端支座负筋的延伸长度：第一排支座负筋从柱边开始延伸至$l_{n1}/3$位置；第二排支座负筋从柱边开始延伸至$l_{n1}/4$位置（l_{n1}为边跨的净跨长度）。

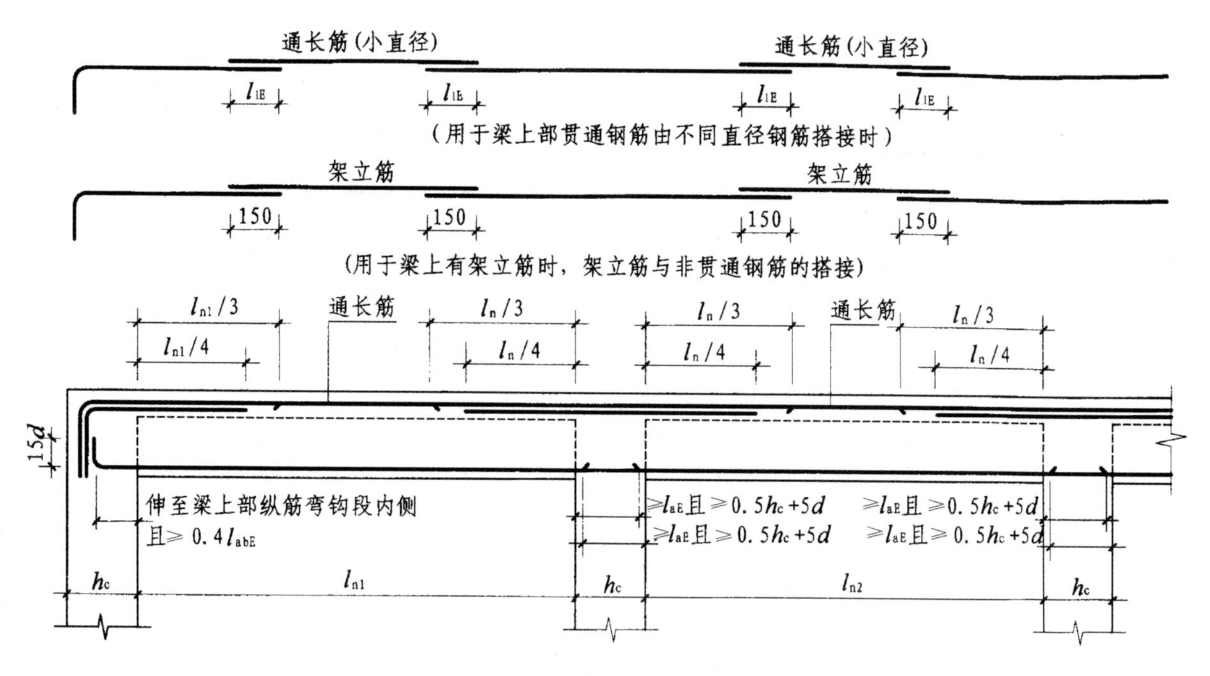

图 2－16　屋面框架梁纵筋构造

3）中间支座负筋的延伸长度：第一排支座负筋从柱边开始延伸至 $l_n/3$ 位置；第二排支座负筋从柱边开始延伸至 $l_n/4$ 位置（l_n 为支座两边的净跨长度 l_{n1} 和 l_{n2} 的最大值）。

4）当梁上部贯通钢筋由不同直径搭接时，通长筋与支座负筋的搭接长度为 l_{lE}。

5）当梁上有架立筋时，架立筋与非贯通钢筋搭接，搭接长度为 150mm。

6）屋面框架梁下部纵筋在端支座锚固要求如下。

①直锚形式。屋面框架梁中，当柱截面沿框架方向的高度 h_c 比较大，即 h_c 减柱保护层 c 大于或等于纵向受力钢筋的最小锚固长度时，下部纵筋在端支座可以采用直锚形式。直锚长度取值应满足条件 $\max(l_{aE}, 0.5h_c+5d)$，如图 2－17 所示。

②弯锚形式。当柱截面沿框架方向的高度 h_c 比较小，即 h_c 减柱保护层 c 小于纵向受力钢筋的最小锚固长度时，纵筋在端支座应采用弯锚形式。下部纵筋伸入梁柱节点的锚固要求为水平长度取值 $\geq 0.4l_{abE}$，竖直长度为 $15d$。通常，弯锚的纵筋伸至柱截面外侧钢筋的内侧，如图 2－18 所示。

≥0.5h_c+5d
≥l_{aE}
h_c

图 2－17　纵筋在端支座直锚构造

注意：弯折锚固钢筋的水平长度取值 $\geq 0.4l_{abE}$，是设计构件截面尺寸和配筋时要考虑的条件，而不是钢筋量计算的依据。

③加锚头/锚板形式。屋面框架梁中，下部纵筋在端支座可以采用加锚头/锚板锚固形式。锚头/锚板伸至柱截面外侧纵筋的内侧，且锚入水平长度取值 $\geq 0.4l_{abE}$，如图 2－19 所示。

7）屋面框架梁下部纵筋在中间支座节点外搭接。屋面框架梁下部纵筋不能在柱内锚固时，可在节点外搭接，如图 2－20 所示。相邻跨钢筋直径不同时，搭接位置位于较小直径的一跨。

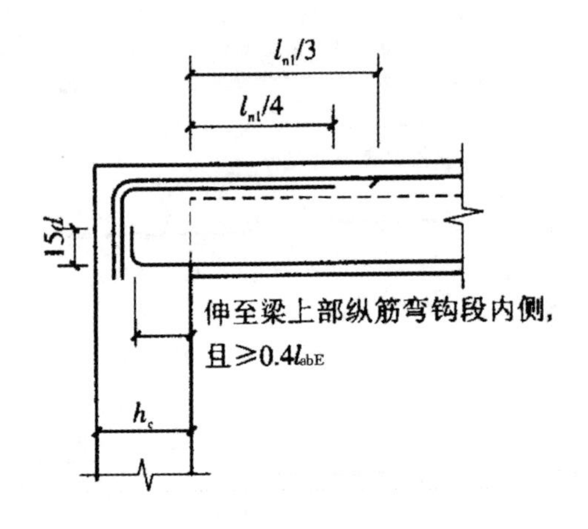

图 2-18　纵筋在端支座弯锚构造

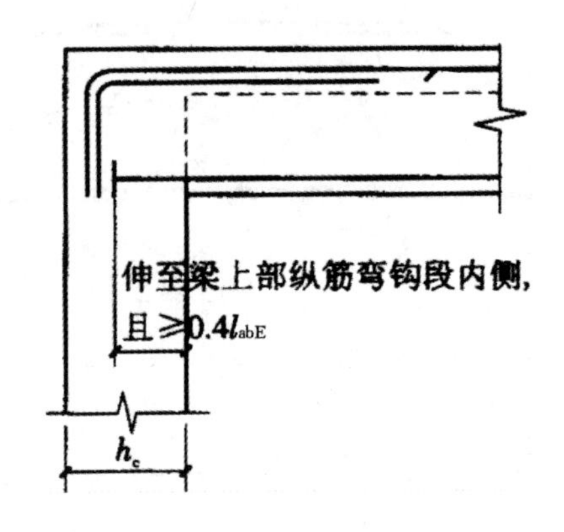

图 2-19　纵筋在端支座加锚头/锚板构造

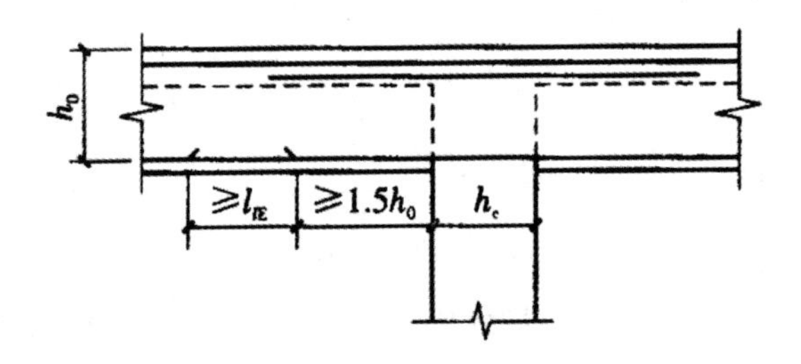

图 2-20　中间层中间节点梁下部筋在节点外搭接构造

◆非抗震屋面框架梁钢筋构造

非抗震屋面框架梁纵向钢筋的构造如图 2-21 所示。

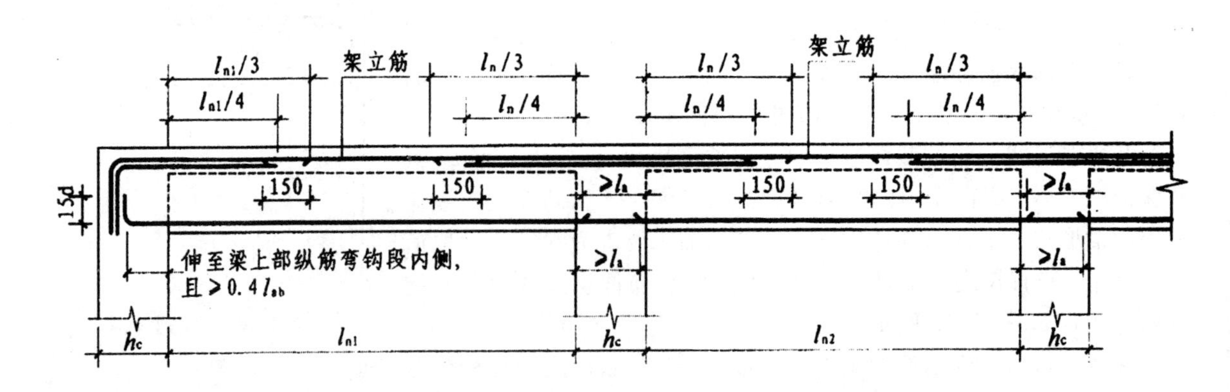

图 2-21　非抗震屋面框架梁钢筋构造

（1）非抗震屋面框架梁端支座和中间支座上部非通长纵筋的截断位置

非抗震屋面框架梁端部或中间支座上部非通长纵筋自柱边算起，其长度统一取值：非贯通纵筋位于第一排时为 $l_n/3$，非贯通纵筋位于第二排时为 $l_n/4$，若有多于三排的非通长钢筋设计，则依据设计确定具体的截断位置。

l_n 取值：端支座处，l_n 取值为本跨净跨值；中间支座处，l_n 取值为左右两跨梁净跨值的较大值。

（2）非抗震屋面框架梁上部通长筋和下部受力钢筋的构造要求

非抗震屋面框架梁的架立钢筋分别与梁两端支座上部纵筋构造搭接，长度为150mm，且应有一道箍筋位于该长度范围内，同时与构造搭接的两根钢筋交叉绑扎在一起。

非框架梁的下部纵筋可采用搭接、机械连接或焊接等方式在梁靠近支座 $l_{ni}/3$ 范围内连接，即支座范围内 $l_{ni}/3$ 的位置为下部纵筋在支座和节点范围之外的连接区域，连接的根数不应多于总根数的50％。

（3）非抗震屋面框架梁下部纵筋在端支座的锚固要求

非抗震屋面框架梁下部纵筋在端支座的锚固要求如下。

1）直锚形式。非抗震屋面框架梁中，当柱截面沿框架方向的高度 h_c 比较大，即 h_c 减柱保护层 c 大于或等于纵向受力钢筋的最小锚固长度时，纵筋在端支座可以采用直锚形式。直锚长度取值应满足条件 $\max(l_a, 0.5h_c+5d)$，如图2－22所示。

2）弯锚形式。当柱截面沿框架方向的高度 h_c 比较小，即 h_c 减柱保护层 c 小于纵向受力钢筋的最小锚固长度时，纵筋在端支座应采用弯锚形式。纵筋伸入梁柱节点的锚固要求为水平长度取值≥$0.4l_{ab}$，竖直长度为 $15d$。通常，弯锚的纵筋伸至柱截面外侧钢筋的内侧。

注意：弯折锚固钢筋的水平长度取值≥$0.4l_{ab}$，是设计构件截面尺寸和配筋时要考虑的条件，而不是钢筋量计算的依据。

3）加锚头/锚板形式。非抗震屋面框架梁中，纵筋在端支座可以采用加锚头/锚板锚固形式。锚头/锚板伸至柱截面外侧纵筋的内侧，且锚入水平长度取值≥$0.4l_{ab}$，如图2－23所示。

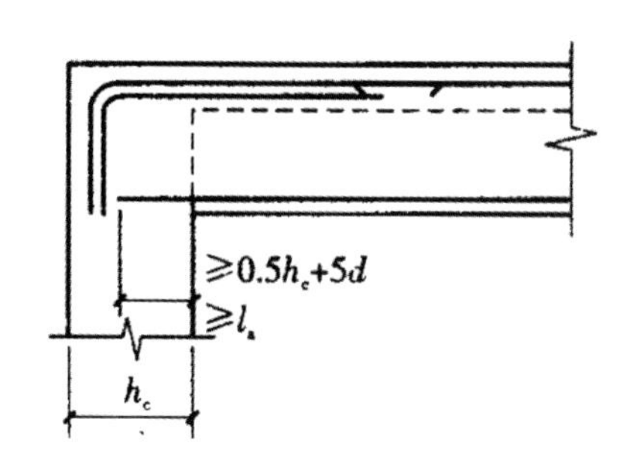

图2－22 纵筋在端支座直锚构造

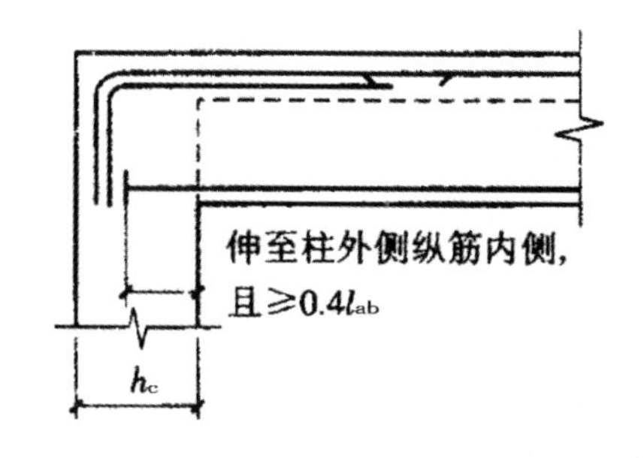

图2－23 纵筋在端支座加锚头/锚板构造

（4）非抗震屋面框架梁下部纵筋在中间支座锚固和连接的构造要求

非抗震屋面框架梁下部纵筋在中间支座的锚固有直锚和弯锚两种形式。直锚的构造措施为纵筋伸入中间支座的锚固长度取值为 l_a；弯锚的构造要求为下部纵筋伸入中间节点柱内侧边缘（水平段的构造要求为≥$0.4l_{ab}$），竖直弯折 $15d$。

非抗震框架梁下部纵筋可贯通中柱支座，梁端 $l_n/3$ 范围内连接（l_n 为梁净跨长度值），钢筋连接接头百分率不宜大于50％。

（5）非抗震屋面框架梁下部纵筋在中间支座节点外搭接

非抗震屋面框架梁下部纵筋不能在柱内锚固时，可在节点外搭接，如图2－24所示。相邻跨钢筋直径不同时，搭接位置位于较小直径的一跨。

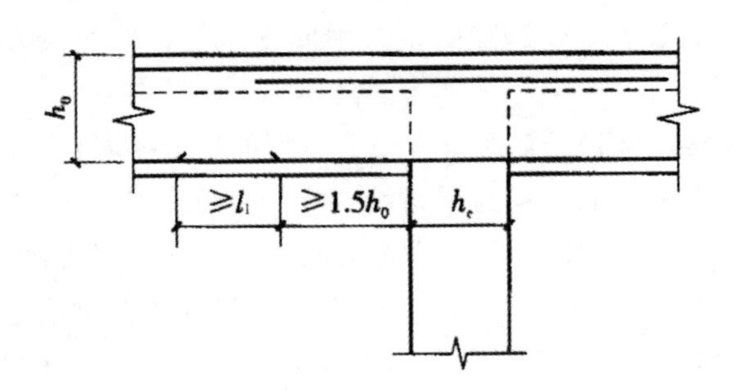

图 2－24 中间层中间节点梁下部筋在节点外搭接构造

【实　　例】

【例 2－8】 WKL1 平法施工图如图 2－25 所示。试求 WKL1 的上部通长筋，其中，混凝土强度等级为 C30，抗震等级为一级。

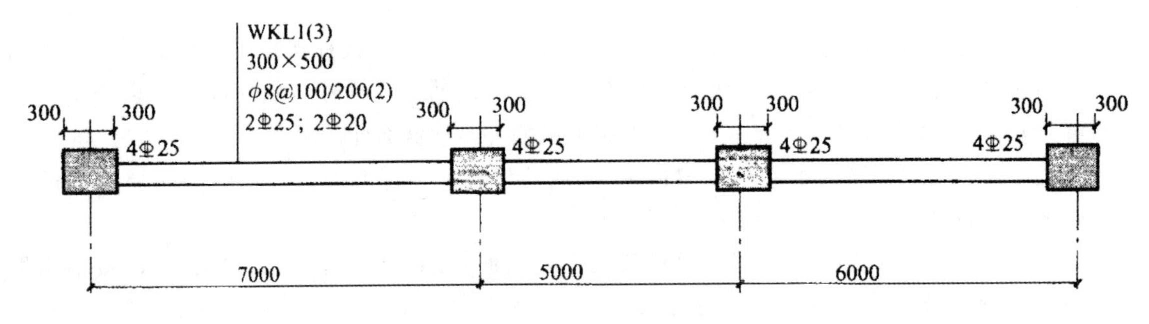

图 2－25 WKL1 平法施工图

【解】

由混凝土强度等级 C30 和一级抗震，查表 1－1 得：梁纵筋混凝土保护层厚度 $c_{梁}$＝20mm，支座纵筋混凝土保护层厚度 $c_{支座}$＝20mm。

上部通长筋长度＝净长＋两端支座锚固长度

端支座锚固长度＝600－20＋500－20

＝1060mm

净长＝7000＋6000＋5000－600

＝17400mm

总长＝17400＋2×1060

＝19520mm

【例 2－9】 WKL3 平法施工图如图 2－26 所示。试求 WKL3 的下部通长筋，其中，混凝土强度等级为 C30，抗震等级为一级。

【解】

由混凝土强度等级 C30 和一级抗震，查表 1－1 得：梁纵筋混凝土保护层厚度 $c_{梁}$＝20mm，支座纵筋混凝土保护层厚度 $c_{支座}$＝20mm。

下部通长筋长度＝净长＋两端支座弯锚锚固长度

端支座锚固长度＝h_c－$c_{支座}$＋15d

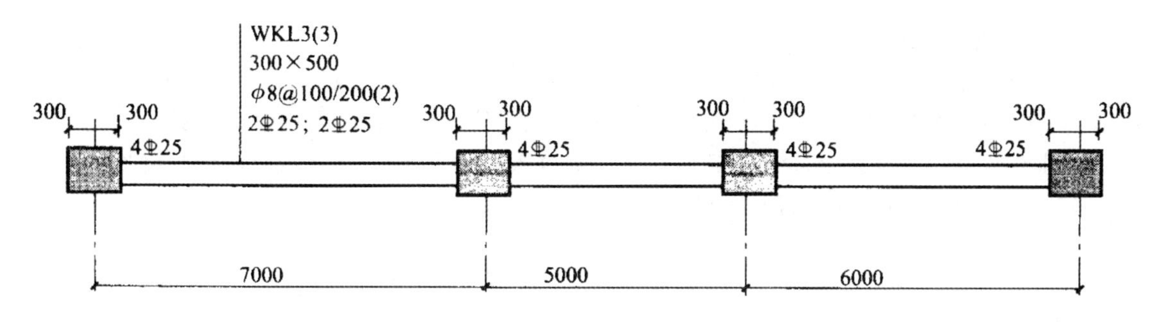

图 2-26　WKL3 平法施工图

$=600-20+15\times25$

$=955mm$

净长 $=7000+6000+5000-600$

$=17400mm$

总长 $=17400+2\times955$

$=19310mm$

2.3　非框架梁钢筋计算

常遇问题

1. 非框架梁配筋构造有哪些要求？
2. 非框架梁箍筋构造有哪些要求？
3. 非框架梁上部钢筋如何计算？
4. 非框架梁下部钢筋如何计算？

【计算方法】

◆非框架梁配筋构造

非框架梁配筋构造如图 2-27 所示。

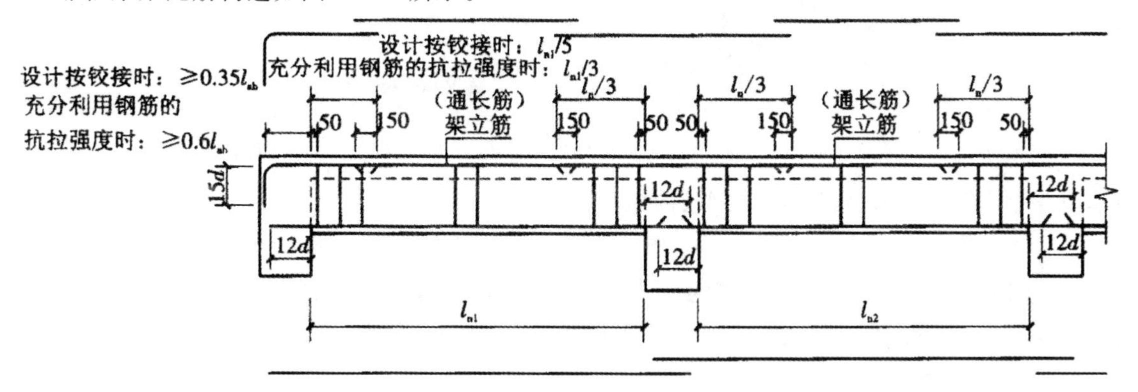

图 2-27　非框架梁配筋构造

（1）非框架梁上部纵筋的延伸长度

1）非框架梁端支座上部纵筋的延伸长度。设计按铰接时，取 $l_{n1}/5$；充分利用钢筋的抗拉强度时，取 $l_{n1}/3$。其中，“设计按铰接时”“充分利用钢筋的抗拉强度时”由设计注明。

2）非框架梁中间支座上部纵筋延伸长度。非框架梁中间支座上部纵筋延伸长度取 $l_n/3$（l_n 为相邻左右两跨中跨度较大一跨的净跨值）。

（2）非框架梁纵向钢筋的锚固

1）非框架梁上部纵筋在端支座的锚固。非框架梁端支座上部纵筋弯锚，弯折段竖向长度为 $15d$，而弯锚水平段长度为：设计按铰接时，取 $\geqslant 0.35l_{ab}$；充分利用钢筋的抗拉强度时，取 $\geqslant 0.6l_{ab}$。

2）下部纵筋在端支座的锚固。直锚入柱内 $12d$，当梁中纵筋采用光面钢筋时，梁下部钢筋的直锚长度为 $15d$。

3）下部纵筋在中间支座的锚固。直锚入柱内 $12d$，当梁中纵筋采用光面钢筋时，梁下部钢筋的直锚长度为 $15d$。

（3）非框架梁纵向钢筋的连接

从图 2－27 中可以看出，非框架梁的架立筋搭接长度为 150mm。

◆非框架梁的箍筋

非框架梁箍筋构造要点主要包括：

1）没有作为抗震构造要求的箍筋加密区。

2）第一个箍筋在距支座边缘 50mm 处开始设置。

3）弧形非框架梁的箍筋间距沿凸面线度量。

4）当箍筋为多肢复合箍时，应采用大箍套小箍的形式。

当端支座为柱、剪力墙（平面内连接时），梁端部应设置箍筋加密区，设计应确定加密区长度。设计未确定时取消该工程框架梁加密区长度。梁端与柱斜交，或与圆柱相交时的箍筋起始位置，如图 2－28 所示。

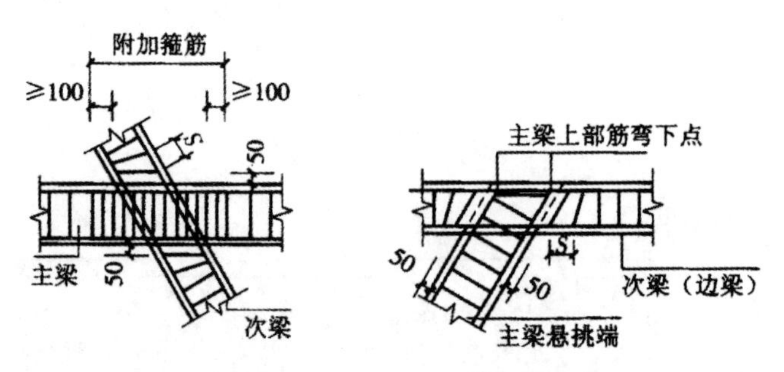

图 2－28　主次梁斜交箍筋构造

◆非框架梁中间支座变截面处纵向钢筋构造

（1）梁顶梁底均不平。非框架梁梁顶梁底均不平时，可分为以下两种情况：

1）梁顶（梁底）高差较大。当 $\Delta_h/(h_c-50)>1/6$ 时，高梁上部纵筋弯锚，弯折段长度为 l_a，弯钩段长度从低梁顶部算起，低梁下部纵筋直锚长度为 l_a。梁下部纵筋锚固构造同上部纵筋，如图 2－29 所示。

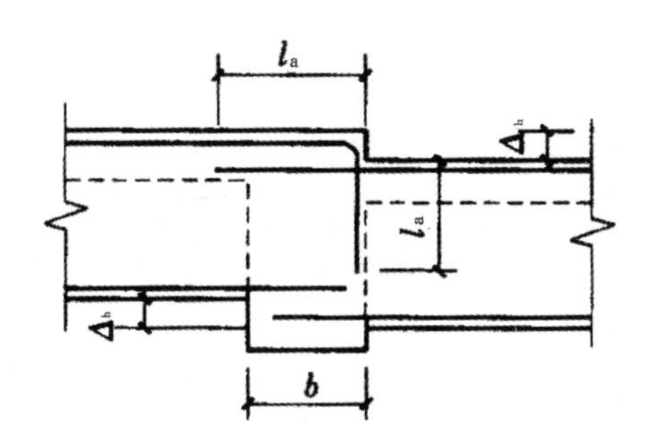

图 2-29　梁顶（梁底）高差较大钢筋构造

2）梁顶（梁底）高差较小。当 $\Delta_h/(h_c-50)\leqslant 1/6$ 时，梁上部（下部）纵筋可连续布置（平直段入支座长度为 50mm），如图 2-30 所示。

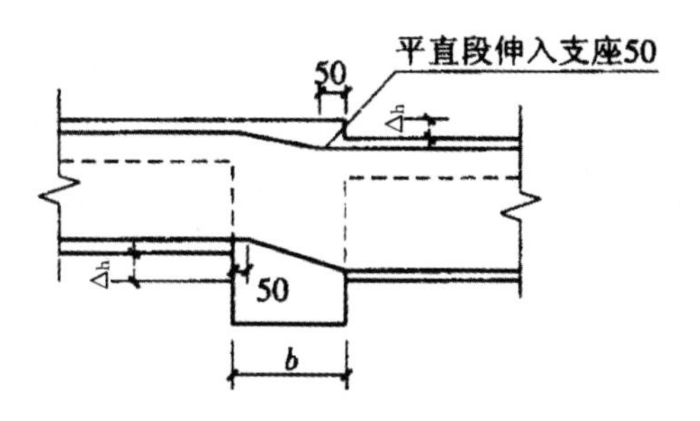

图 2-30　梁顶（梁底）高差较小钢筋构造

（2）支座两边梁宽不同、非框架梁中间支座两边框架梁宽度不同或错开布置时，无法直锚的纵筋弯锚入柱内；或当支座两边纵筋根数不同时，可将多出纵筋弯锚入柱内，锚固的构造要求：上部纵筋弯锚入柱内，弯折竖向长度为 $15d$，弯折水平段长度$\geqslant 0.6l_{ab}$，如图 2-31 所示。

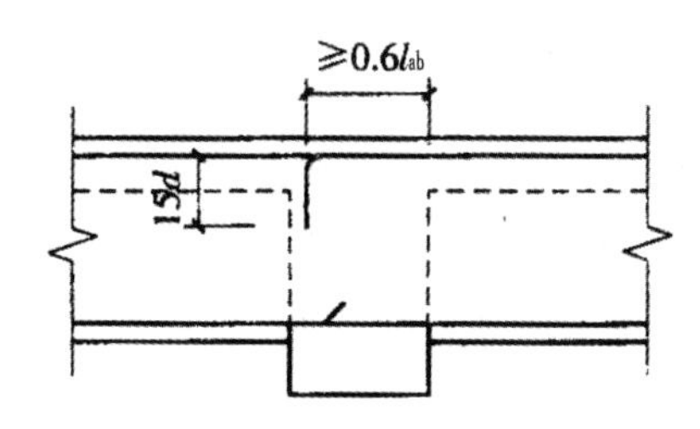

图 2-31　非框架梁梁宽度不同钢筋锚图构造

【实　　例】

【例 2-10】　L1（2）平法施工图如图 2-32 所示。试求 L1（2）的上部钢筋，其中，混凝土强度等级为 C30，抗震等级为一级。

【解】

由混凝土强度等级 C30 和一级抗震，查表 1-1 得：梁纵筋混凝土保护层厚度 $c_{梁}=20$mm，支座纵筋混凝土保护层厚度 $c_{支座}=20$mm。

1）支座 1 负筋长度＝端支座锚固长度＋延伸长度

端支座锚固＝支座宽度$-c_{支座}+15d$

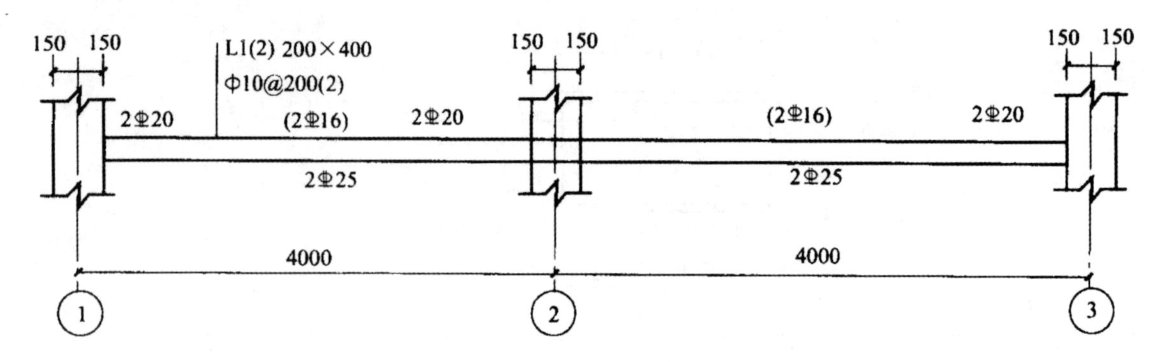

图 2－32　L1（2）平法施工图

＝300－20＋15×20

＝580mm

延伸长度＝l_{n1}/5

＝(4000－300)/5

＝740mm

注　端支座负筋延伸长度为 l_{n1}/5。

总长＝580＋740

＝1320mm

2）第 1 跨架立筋长度＝净长－两端支座负筋延伸长度＋2×150

＝3700－740－(4000－300)/3＋2×150

≈2027mm

3）支座 2 负筋长度＝支座宽度＋两端延伸长度

＝300＋2×(4000－300)/3

≈2767mm

注　中间支座负筋延伸长度为 l_n/3。

4）第 2 跨架立筋长度＝净长－两端支座负筋延伸长度＋2×150

＝3700－740－(4000－300)/3＋2×150

≈2027mm

5）支座 3 负筋长度＝端支座锚固长度＋延伸长度

端支座锚固＝支座宽度－$c_{支座}$＋15d

＝300－20＋15×20

＝580mm

延伸长度＝l_n/5

＝(4000－300)/5

＝740mm

注　端支座负筋延伸长度为 l_n/5。

总长＝580＋740

＝1320mm

【例 2－11】　L2（2）平法施工图如图 2－33 所示。试求 L2（2）的上部钢筋，其中，混凝土强度等级为C30，抗震等级为一级。

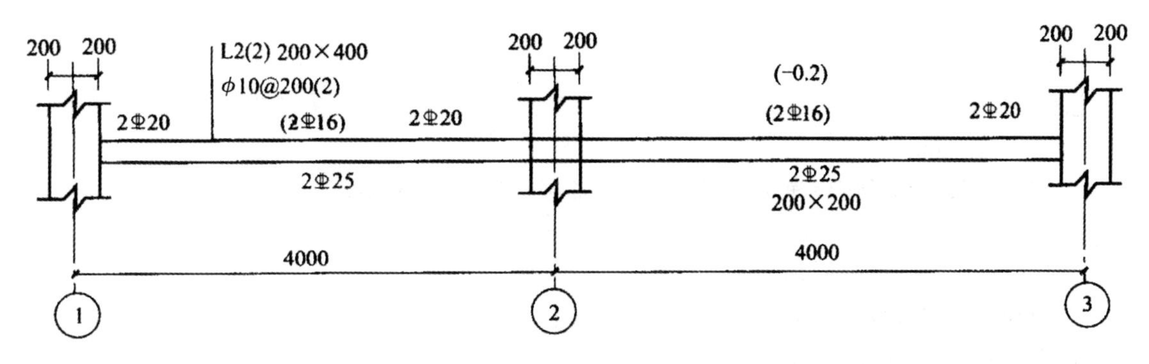

图2-33 L2（2）平法施工图

【解】

由混凝土强度等级C30和一级抗震，查表1-1得：梁纵筋混凝土保护层厚度$c_{梁}$＝20mm，支座纵筋混凝土保护层厚度$c_{支座}$＝20mm。

1）支座1负筋长度＝端支座锚固长度＋延伸长度

端支座锚固＝支座宽度－$c_{支座}$＋15d

＝400－20＋15×20

＝680mm

延伸长度＝$l_n/5$

＝(4000－400)/5

＝720mm

注 端支座负筋延伸长度为$l_n/5$。

2）第1跨架立筋长度＝净长－两端支座负筋延伸长度＋2×150

＝3600－720－1200＋2×150

＝1980mm

3）第1跨右端负筋长度＝端支座锚固长度＋延伸长度

延伸长度＝$l_n/3$

＝(4000－400)/3

＝1200mm

注： 中间支座负筋延伸长度为$l_n/3$。

端支座锚固＝支座宽度－$c_{支座}$＋29d＋高差Δ_h

＝400－20＋29×20＋200

＝1160mm

总长＝1200＋1160

＝2360mm

4）第2跨左端负筋长度＝端支座锚固长度＋延伸长度

延伸长度＝$l_n/3$

＝(4000－400)/3

＝1200mm

端支座锚固长度 $= l_a$

$= 29 \times 20$

$= 580\text{mm}$

总长 $= 1200 + 580$

$= 1780\text{mm}$

5）第 2 跨架立筋长度＝净长－两端支座负筋延伸长度 $+ 2 \times 150$

$= 3600 - 720 - 1200 + 2 \times 150$

$= 1980\text{mm}$

6）支座 3 负筋长度＝端支座锚固长度＋延伸长度

端支座锚固＝支座宽度 $- c_{支座} + 15d$

$= 400 - 20 + 15 \times 20$

$= 680\text{mm}$

延伸长度 $= l_n / 5$

$= (4000 - 400)/5$

$= 720\text{mm}$

注　端支座负筋延伸长度为 $l_n/5$。

总长 $= 680 + 720$

$= 1400\text{mm}$

【例 2－12】 L3（2）平法施工图如图 2－34 所示。试求 L3（2）的下部钢筋，其中，混凝土强度等级为 C30，抗震等级为一级。

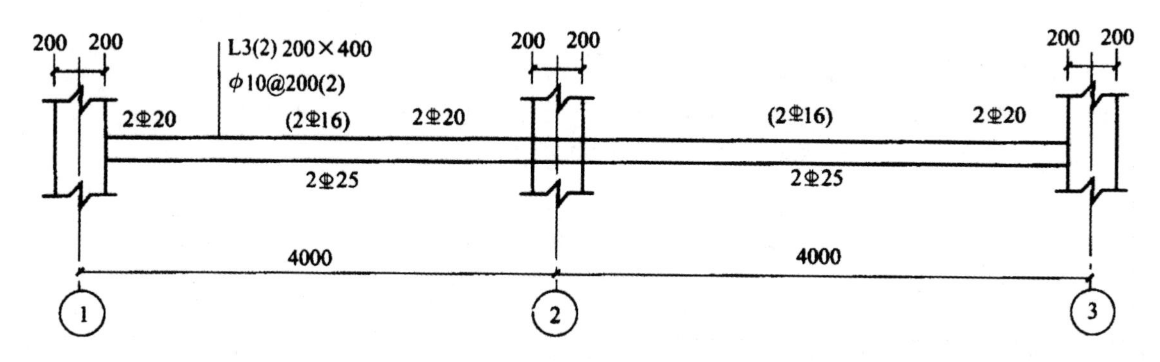

图 2－34　L3（2）平法施工图

【解】

由混凝土强度等级 C30 和一级抗震，查表 1－1 得：梁纵筋混凝土保护层厚度 $c_{梁} = 20\text{mm}$，支座纵筋混凝土保护层厚度 $c_{支座} = 20\text{mm}$。

1）第 1 跨下部筋长度＝净长＋两端锚固长度 $(12d)$

$= 4000 - 400 + 2 \times 12d$

$= 4000 - 400 + 12 \times 25 \times 2$

$= 4200\text{mm}$

2）第 2 跨下部筋长度＝净长＋两端锚固长度 $(12d)$

$= 4000 - 400 + 2 \times 12d$

$=4000-400+12\times25\times2$

$=4200\text{mm}$

2.4 悬挑梁与各类悬挑端钢筋计算

常遇问题

1. 纯悬挑梁配筋构造是怎样的？
2. 楼层框架梁、屋面框架梁悬挑端配筋构造分别是怎样的？
3. 框架梁悬挑端上部钢筋如何计算？
4. 框架梁悬挑端下部钢筋如何计算？

【计算方法】

◆纯悬挑梁配筋构造

纯悬挑梁配筋构造如图 2-35 所示。

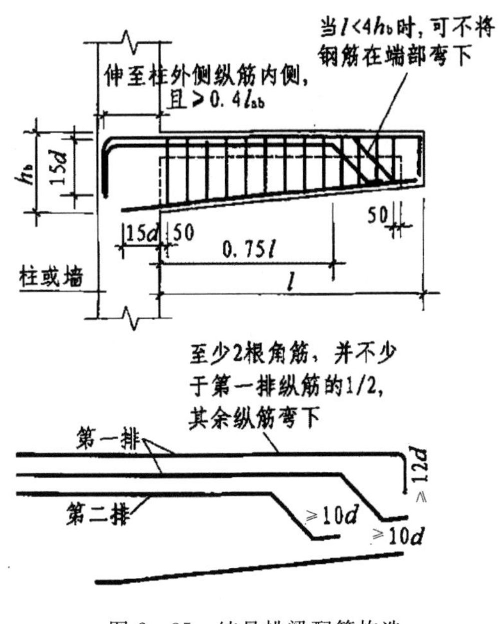

图 2-35 纯悬挑梁配筋构造

(1) 上部纵筋构造

1) 第一排上部纵筋，“至少 2 根角筋，并不少于第一排纵筋的 1/2”的上部纵筋一直伸到悬挑梁端部，再拐直角弯直伸到梁底，“其余纵筋弯下”（即钢筋在端部附近下弯 90°斜坡）。

2) 第二排上部纵筋伸至悬挑端长度的 0.75 处，弯折到梁下部，再向梁尽端弯折≥$10d$。

3) 上部纵筋在支座中“伸至柱外侧纵筋内侧，且≥$0.4l_{ab}$”进行锚固，当纵向钢筋直锚长度≥l_a 且≥$0.5h_c+5d$ 时，可不必往下弯锚。

(2) 下部纵筋构造

下部纵筋在制作中的锚固长度为 $15d$。

◆**楼层框架梁悬挑端配筋构造**

楼层框架梁悬挑配筋端构造如图 2-36 所示。

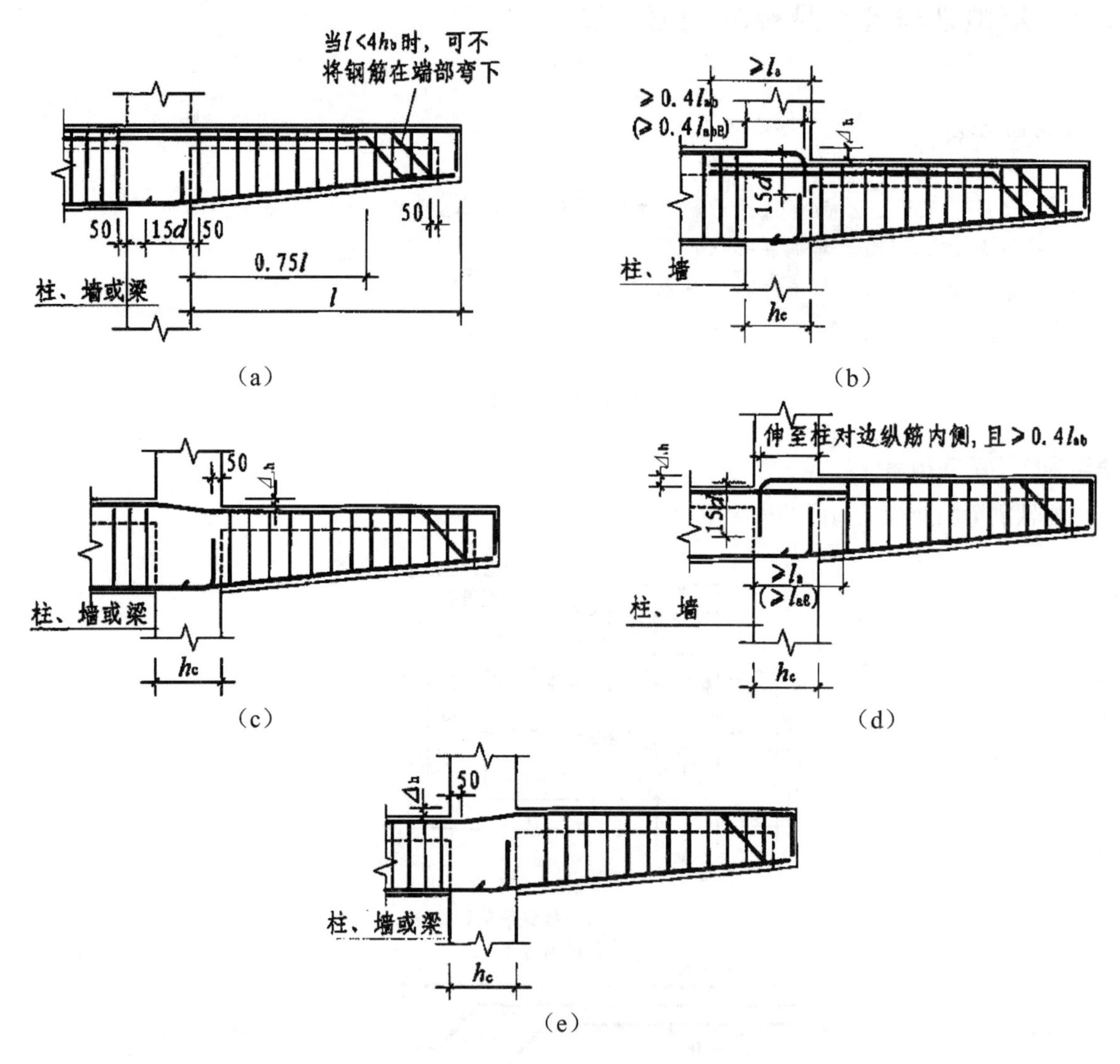

图 2-36 楼层框架梁悬挑端构造

(a) 节点 A；(b) 节点 B；(c) 节点 C；(d) 节点 D；(e) 节点 E

楼层框架梁悬挑端共给出了 5 种构造：

节点 A：悬挑端有框架梁平伸出，上部第二排纵筋在伸出 $0.75l$ 之后，弯到梁下部，再向梁尽端弯出$\geq 10d$。下部纵筋直锚长度为 $15d$。

节点 B：当悬挑端比框架梁低 Δ_h[$\Delta_h/(h_c-50)>1/6$] 时，仅用于中间层；框架梁弯锚水平段长度$\geq 0.4l_{ab}$($0.4l_{abE}$)，弯钩 $15d$；悬挑端上部纵筋直锚长度$\geq l_a$。

节点 C：当悬挑端比框架梁低 Δ_h[$\Delta_h/(h_c-50)\leq 1/6$] 时，上部纵筋连续布置，用于中间层，当支座为梁时也可用于屋面。

节点 D：当悬挑端比框架梁高 Δ_h[$\Delta_h/(h_c-50)>1/6$] 时，仅用于中间层；悬挑端上部纵筋弯锚，弯锚水平段伸至对边纵筋内侧，且≥$0.4l_{ab}$，弯钩 $15d$；框架梁上部纵筋直锚长度≥l_{ab}（l_{abE}）。

节点 E：当悬挑端比框架梁高 $\Delta_h[\Delta_h/(h_c-50)\leqslant 1/6]$ 时，上部纵筋连续布置，用于中间层，当支座为梁时也可用于屋面。

◆屋面框架梁悬挑端配筋构造

屋面框架梁悬挑端配筋构造如图 2－37 所示。

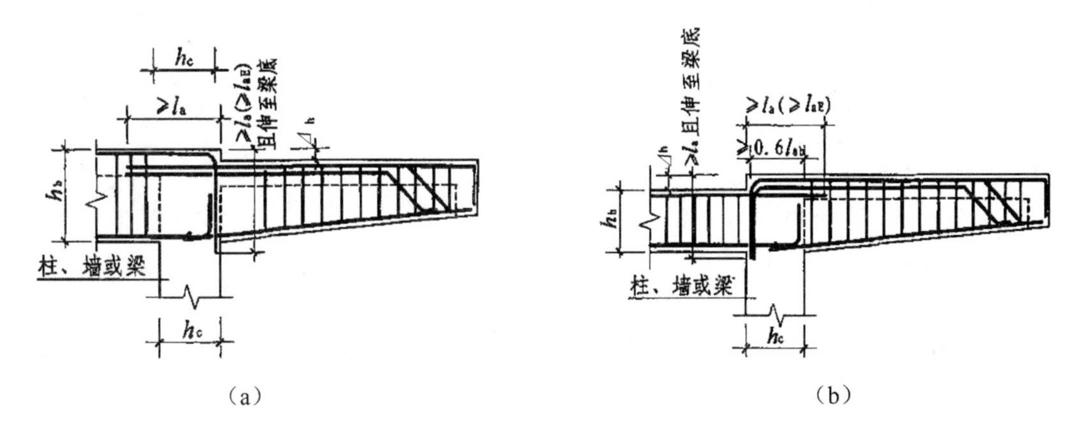

图 2－37 屋面框架梁悬挑端配筋构造

（a）节点 F；（b）节点 G

屋面框架梁悬挑端共给出了 2 种配筋构造：

节点 F：当悬挑端比框架梁低 Δ_h（$\Delta_h\leqslant h_b/3$）时，框架梁上部纵筋弯锚，直钩长度≥l_a（l_{aE}）且伸至梁底，悬挑端上部纵筋直锚长度≥l_a，可用于屋面，当支座为梁时也可用于中间层。

节点 G：当悬挑端比框架梁高 Δ_h（$\Delta_h\leqslant h_b/3$）时，框架梁上部纵筋直锚长度≥l_a（l_{aE}），悬挑端上部纵筋弯锚，弯锚水平段长度≥$0.4l_{ab}$，直钩长度≥l_a（l_{aE}）且伸至梁底，可用于屋面，当支座为梁时也可用于中间层。

【实　　例】

【例 2－13】 KL8（2A）平法施工图如图 2－38 所示。试求 KL8（2A）悬挑端的上部第一排纵筋，其中，混凝土强度等级为 C30，抗震等级为一级。

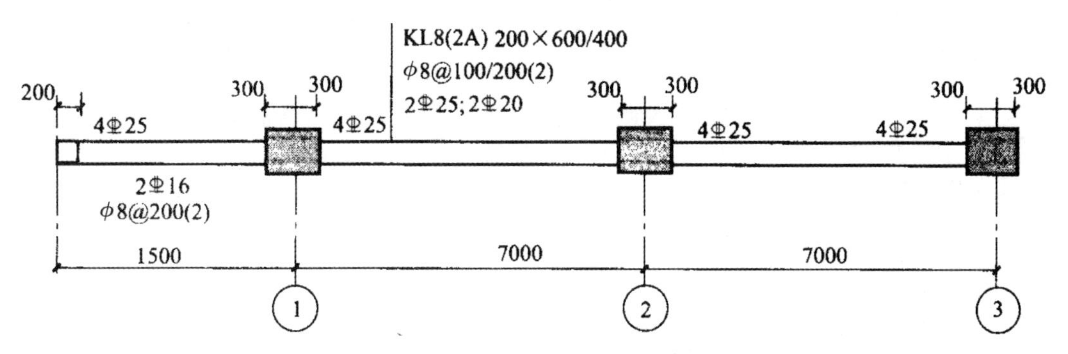

图 2－38 KL8（2A）平法施工图

【解】

由混凝土强度等级 C30 和一级抗震，查表 1－1 得：梁纵筋混凝土保护层厚度 $c_{梁}=20mm$，支座纵筋混凝土保护层厚度 $c_{支座}=20mm$。

上部第一排纵筋长度＝悬挑端长度＋悬挑远端下弯长度＋支座 1 宽度＋第 1 跨内延伸长度

悬挑端长度＝1500－300－20

＝1180mm

第 1 跨内延伸长度＝(7000－600)/3

≈2133mm

支座 1 宽度＝600mm

悬挑远端下弯长度＝12×25

＝300mm

总长度＝1180＋300＋600＋2133

＝4213mm

【例 2－14】 KL10（2A）平法施工图如图 2－39 所示。试求 KL10（2A）悬挑端的上部第二排纵筋，其中，混凝土强度等级为 C30，抗震等级为一级。

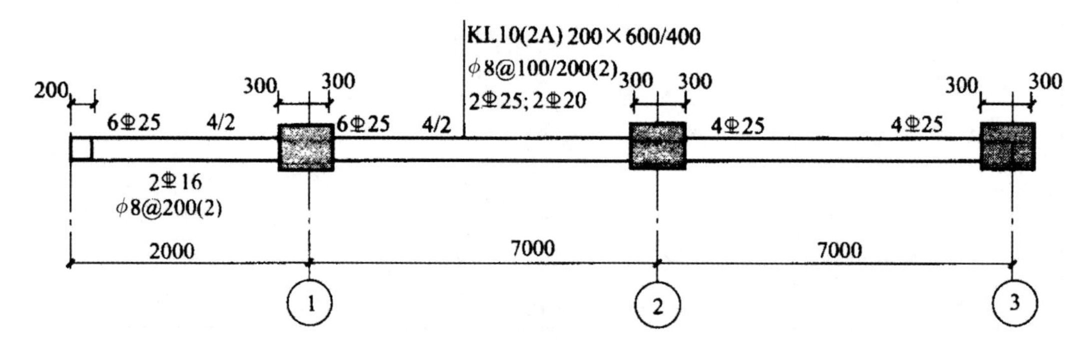

图 2－39　KL10（2A）平法施工图

【解】

由混凝土强度等级 C30 和一级抗震，查表 1－1 得：梁纵筋混凝土保护层厚度 $c_{梁}=20mm$，支座纵筋混凝土保护层厚度 $c_{支座}=20mm$。

上部第二排纵筋长度＝悬挑端下平直段长度＋支座 1 宽度＋第 1 跨内延伸长度

悬挑端下平直段长度＝(2000－300)×0.75

＝1275mm

支座 1 宽度＝600mm

第 1 跨内延伸长度＝(7000－600)/4

＝1600mm

总长度＝1275＋600＋1600

＝3475mm

【例 2－15】 KL11（2A）平法施工图如图 2－40 所示。试求 KL11（2A）悬挑端的下部钢筋，其中，混凝土强度等级为 C30，抗震等级为一级。

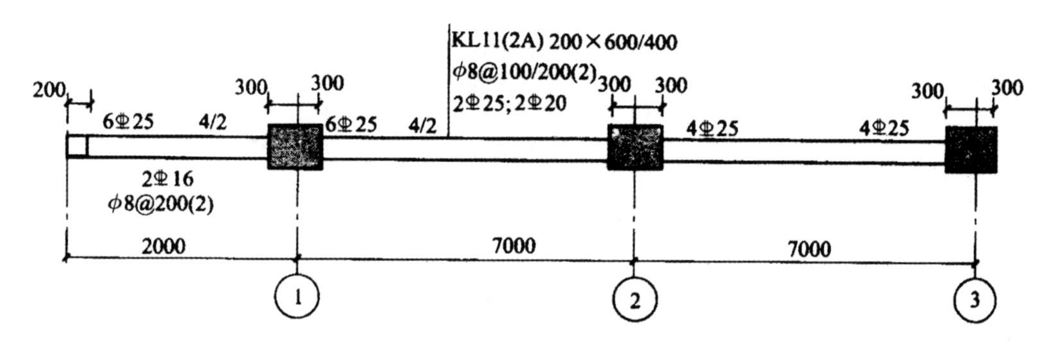

图 2-40 KL11（2A）平法施工图

【解】

由混凝土强度等级 C30 和一级抗震，查表 1-1 得：梁纵筋混凝土保护层厚度 $c_{梁}=20$mm，支座纵筋混凝土保护层厚度 $c_{支座}=20$mm。

悬挑端下部钢筋长度＝净长＋锚固长度

$=2000-300-20+15d$

$=2000-300-20+15\times16$

$=1920$mm

3

柱构件钢筋计算

3.1 顶层柱钢筋计算

常遇问题

1. 顶层中柱纵筋如何计算？
2. 顶层边角柱纵筋如何计算？

【计算方法】

◆顶层中柱纵筋计算

（1）顶层弯锚

1）绑扎搭接如图 3－1 所示。

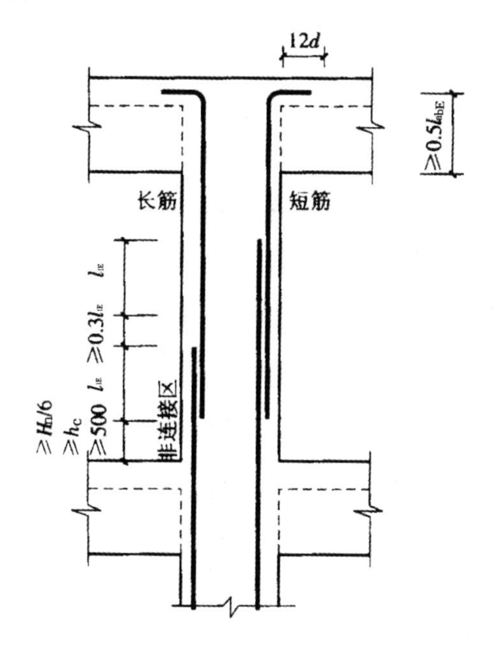

图 3－1 顶层中柱纵筋弯锚构造（绑扎搭接）

$$顶层中柱长筋长度=顶层高度-保护层厚度-\max(H_n/6,500,h_c)+12d$$

$$顶层中柱短筋长度=顶层高度-保护层厚度-\max(H_n/6,500,h_c)-1.3l_{lE}+12d$$

2）机械连接如图 3－2 所示。

$$顶层中柱长筋长度=顶层高度-保护层厚度-\max(H_n/6,500,h_c)+12d$$

$$顶层中柱短筋长度=顶层高度-保护层厚度-\max(H_n/6,500,h_c)-500+12d$$

3）焊接连接如图 3－3 所示。

$$顶层中柱长筋长度=顶层高度-保护层厚度-\max(H_n/6,500,h_c)+12d$$

$$顶层中柱短筋长度=顶层高度-保护层厚度-\max(H_n/6,500,h_c)-\max(35d,500)+12d$$

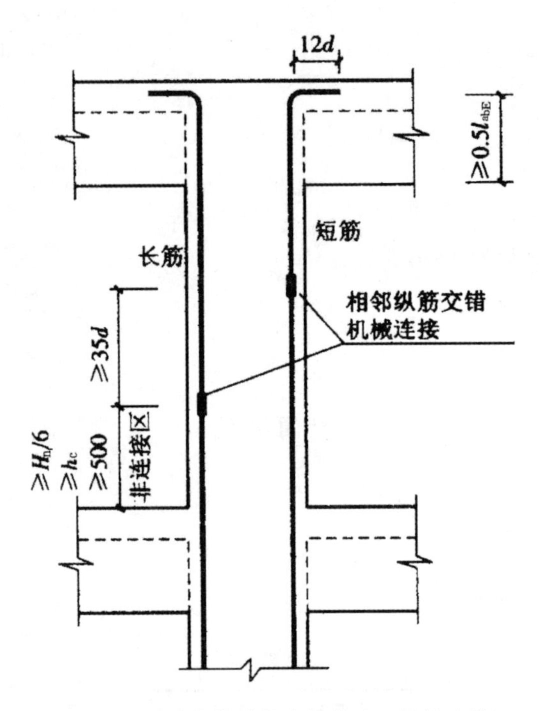

图 3-2　顶层中柱纵筋弯锚构造（机械连接）

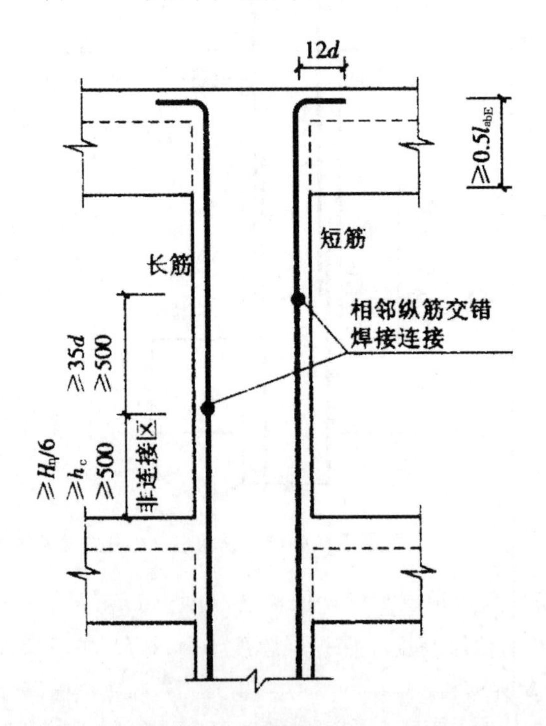

图 3-3　顶层中柱纵筋弯锚构造（焊接连接）

（2）顶层直锚

1）绑扎搭接如图 3-4 所示。

$$顶层中柱长筋长度=顶层高度-保护层厚度-\max(H_n/6,500,h_c)$$

$$顶层中柱短筋长度=顶层高度-保护层厚度-\max(H_n/6,500,h_c)-1.3l_{lE}$$

2）机械连接如图 3－5 所示。

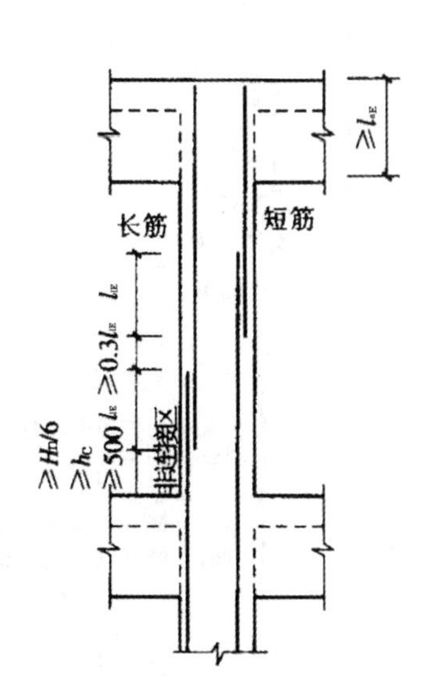

图 3－4　顶层中柱纵筋直锚构造（绑扎搭接）

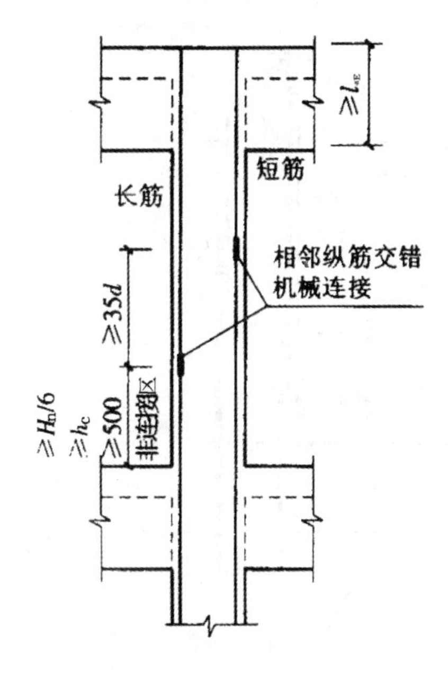

图 3－5　顶层中柱纵筋直锚构造（机械连接）

$$顶层中柱长筋长度=顶层高度-保护层厚度-\max(H_n/6,500,h_c)$$

$$顶层中柱短筋长度=顶层高度-保护层厚度-\max(H_n/6,500,h_c)-500$$

3）焊接连接如图 3－6 所示。

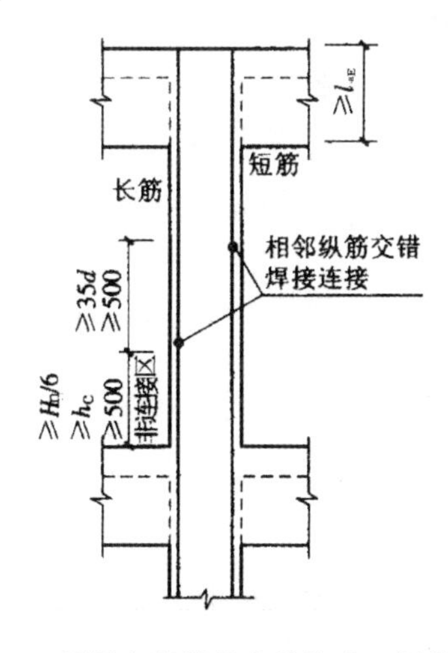

图 3－6　顶层中柱纵筋直锚构造（焊接连接）

$$顶层中柱长筋长度=顶层高度-保护层厚度-\max(H_n/6,500,h_c)$$

$$顶层中柱短筋长度=顶层高度-保护层厚度-\max(H_n/6,500,h_c)-\max(35d,500)$$

◆顶层边角柱纵筋计算

以顶层边角柱中节点 D 构造为例，讲解顶层边柱纵筋计算方法。

（1）绑扎搭接

当采用绑扎搭接接头时，顶层边角柱节点 D 构造如图 3－7 所示，计算简图如图 3－8 所示。

12d
柱顶部第二层
伸至柱内边
8d
柱顶部第一层
伸至柱内边弯下8d
当直锚长度≥laE时
伸至柱顶后截断
≥Hn/6
≥hc
≥500
非连接区

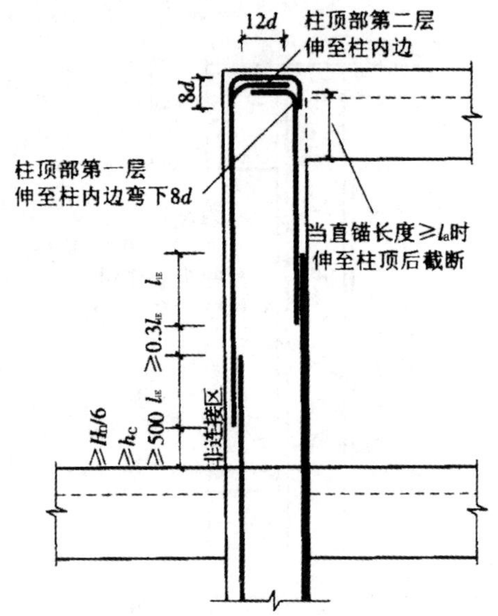

图 3－7 顶层边角柱节点 D 构造（绑扎搭接）

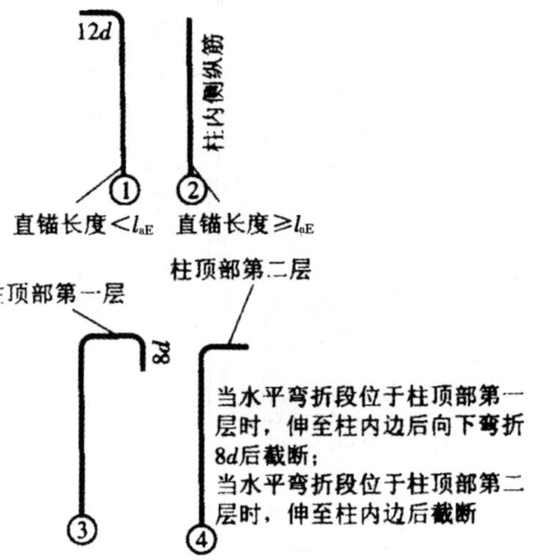

12d
柱内侧纵筋
①
②
直锚长度<laE
直锚长度≥laE
柱顶部第一层
柱顶部第二层
8d
当水平弯折段位于柱顶部第一层时，伸至柱内边后向下弯折8d后截断；
当水平弯折段位于柱顶部第二层时，伸至柱内边后截断
③
④

图 3－8 计算简图

1）①号钢筋（柱内侧纵筋）——直锚长度$<l_{aE}$

长筋长度：

$$l=H_n-\text{梁保护层厚度}-\max(H_n/6,h_c,500)+12d$$

短筋长度：

$$l=H_n-\text{梁保护层厚度}-\max(H_n/6,h_c,500)-1.3l_{lE}+12d$$

2）②号钢筋（柱内侧纵筋）——直锚长度$\geqslant l_{aE}$

长筋长度：

$$l=H_n-\text{梁保护层厚度}-\max(H_n/6,h_c,500)$$

短筋长度：

$$l=H_n-\text{梁保护层厚度}-\max(H_n/6,h_c,500)-1.3l_{lE}$$

3）③号钢筋（柱顶第一层钢筋）

长筋长度：

$$l=H_n-\text{梁保护层厚度}-\max(H_n/6,h_c,500)+\text{柱宽}-2\times\text{柱保护层厚度}+8d$$

短筋长度：

$$l=H_n-\text{梁保护层厚度}-\max(H_n/6,h_c,500)-1.3l_{lE}+\text{柱宽}-2\times\text{柱保护层厚度}+8d$$

4）④号钢筋（柱顶第二层钢筋）

长筋长度：

$$l=H_n-\text{梁保护层厚度}-\max(H_n/6,h_c,500)+\text{柱宽}-2\times\text{柱保护层厚度}$$

短筋长度：

$$l=H_n-\text{梁保护层厚度}-\max(H_n/6,h_c,500)-1.3l_{lE}+\text{柱宽}-2\times\text{柱保护层厚度}$$

（2）焊接或机械连接

当采用焊接或机械连接接头时，顶层边角柱节点 D 构造如图 3－9 所示，计算简图如图 3－10 所示。

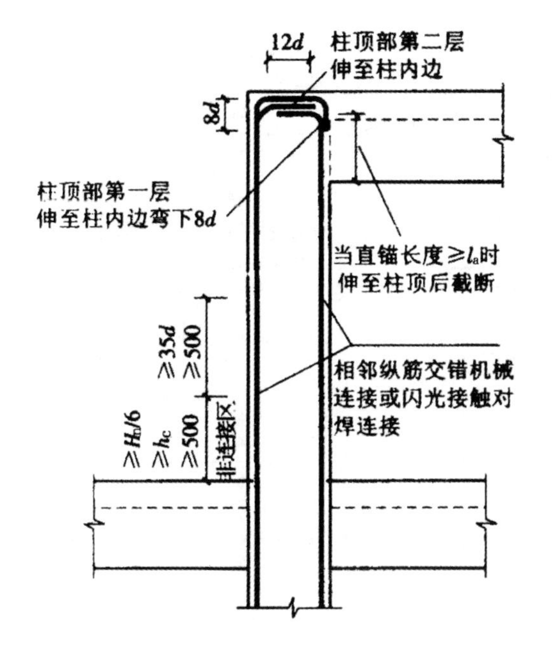

图 3-9 顶层边角柱节点 D 构造（焊接或机械连接）

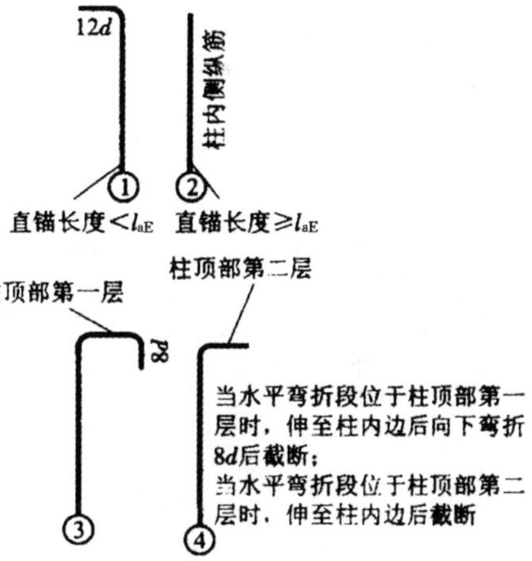

图 3-10 计算简图

1）①号钢筋（柱内侧纵筋）——直锚长度＜l_{aE}

长筋长度：

$$l=H_n-\text{梁保护层厚度}-\max(H_n/6,h_c,500)+12d$$

短筋长度：

$$l=H_n-\text{梁保护层厚度}-\max(H_n/6,h_c,500)-\max(35d,500)+12d$$

2）②号钢筋（柱内侧纵筋）——直锚长度≥l_{aE}

长筋长度：

$$l=H_n-\text{梁保护层厚度}-\max(H_n/6,h_c,500)$$

短筋长度：

$$l=H_n-\text{梁保护层厚度}-\max(H_n/6,h_c,500)-\max(35d,500)$$

3）③号钢筋（柱顶第一层钢筋）

长筋长度：

$$l=H_n-\text{梁保护层厚度}-\max(H_n/6,h_c,500)+\text{柱宽}-2\times\text{柱保护层厚度}+8d$$

短筋长度：

$$l=H_n-\text{梁保护层厚度}-\max(H_n/6,h_c,500)-\max(35d,500)+\text{柱宽}-2\times\text{柱保护层厚度}+8d$$

4）④号钢筋（柱顶第二层钢筋）

长筋长度：

$$l=H_n-\text{梁保护层厚度}-\max(H_n/6,h_c,500)+\text{柱宽}-2\times\text{柱保护层厚度}$$

短筋长度：

$$l=H_n-\text{梁保护层厚度}-\max(H_n/6,h_c,500)-\max(35d,500)+\text{柱宽}-2\times\text{柱保护层厚度}$$

【实 例】

【例 3-1】 KZ7 平法施工图如图 3-11 所示。试求 KZ7 的纵筋及箍筋，其中，混凝土强度等级为 C30，抗震等级为一级。

层号	顶标高/m	层高/m	梁高/mm
4	15.9	3.6	700
3	12.3	3.6	700
2	8.7	4.2	700
1	4.5	4.5	700
基础	-0.8	—	基础厚度：500

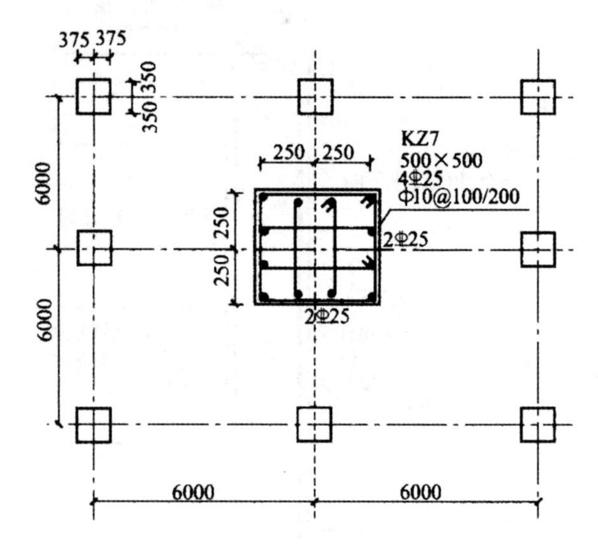

图 3－11　KZ7 平法施工图

【解】

由混凝土强度等级 C30 和一级抗震，查表 1－1 得：柱钢筋混凝土保护层厚度 $c_{柱}=20$mm，基础钢筋保护层厚度 $c_{基础}=40$mm。

KZ7 计算简图如图 3－12 所示。

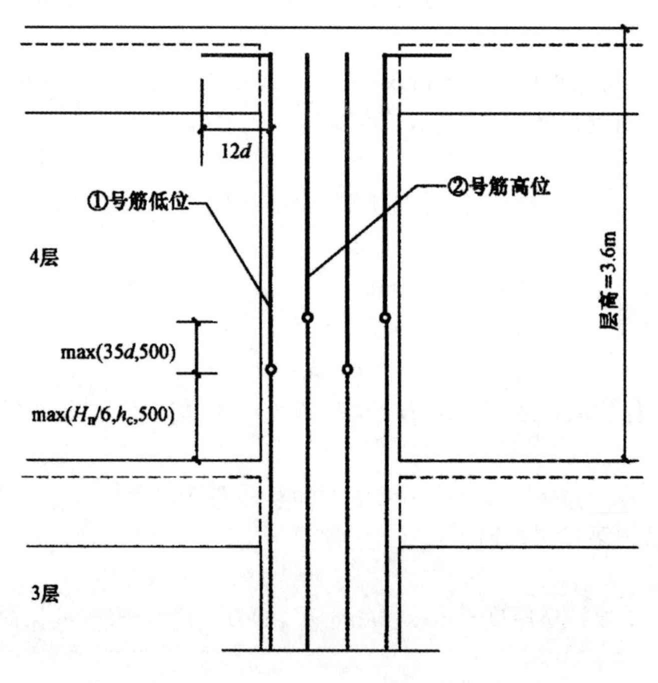

图 3－12　KZ7 计算简图

首先，先判别 KZ7 的锚固方式。

由于 $(h_b-700)<l_{aE}=34d=34\times25=850$，因此 KZ7 中所有纵筋伸入顶层梁板内弯锚。

②号筋高位长度＝本层净高－本层非连接区高度－错开连接高度＋(梁高－保护层厚度＋12d)

本层非连接区高度 $=\max(H_n/6, h_c, 500)$

$=\max[(3600-700)/6, 500, 500]$

$=500\text{mm}$

错开连接高度 $=\max(35d, 500)$

$=875\text{mm}$

②号筋高位总长 $=(3600-700)-500-875+(700-20+12d)$

$=(3600-700)-500-875+(700-20+12\times25)$

$=2505\text{mm}$

【例 3-2】 KZ8 平法施工图如图 3-13 所示。试求 KZ8 的纵筋及箍筋，其中，混凝土强度等级为 C30，抗震等级为一级。

层号	顶标高 /m	层高 /m	梁高 /mm
4	15.9	3.6	600
3	12.3	3.6	700
2	8.7	4.2	700
1	4.5	4.5	700
基础	-0.8	—	基础厚度：500

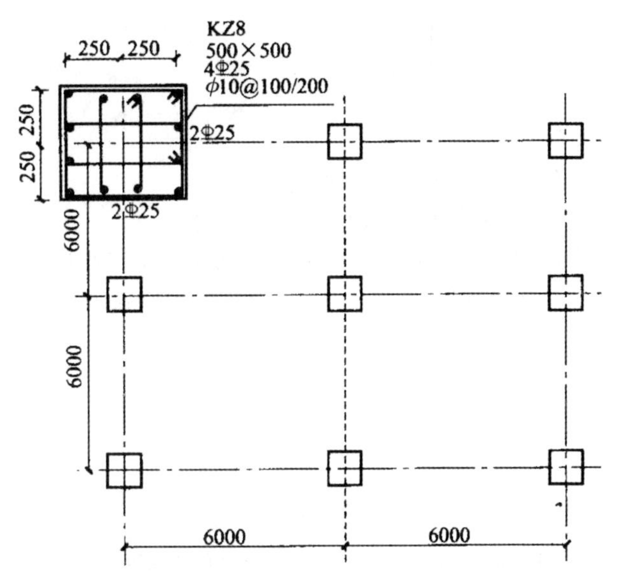

图 3-13 KZ8 平法施工图

【解】

(1) 区分内、外侧钢筋。外侧钢筋总根数为 7 根，如图 3-14 所示。

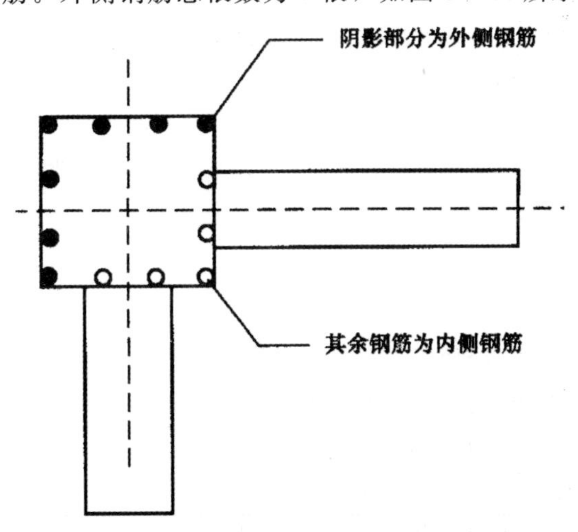

图 3-14 内外侧钢筋示意图

（2）区分内、外侧钢筋中的第一层、第二层钢筋，以及伸入梁板内不同长度的钢筋，如图 3-15 所示。

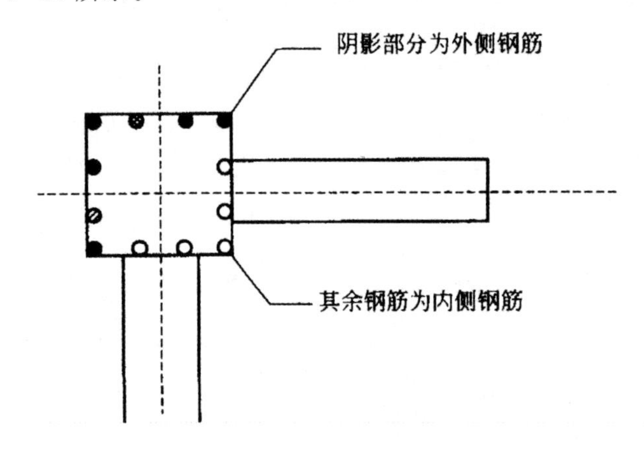

①号筋	●	不少于65%的柱外侧钢筋伸入梁内 7×65%≈5根
②号筋	⊗	其余外侧钢筋中，位于第一层的，伸至柱内侧边下弯8*d*，共1根
③号筋	⊘	其余外侧钢筋中，位于第二层的，伸至柱内侧边，共1根
④号筋	○	内侧钢筋，共5根

图 3-15　第一层、第二层钢筋示意图

（3）计算每一种钢筋。

1）①号筋计算图如图 3-16 所示。

①号筋低位长度＝净高－下部非连接区高度＋伸入梁板内长度

下部非连接区高度＝max(H_n/6，h_c，500)

＝max[(3600－600)/6，500，500]

＝500mm

伸入梁板内长度＝1.5l_{abE}

＝1.5×33×25

≈1238mm

①号筋低位总长度＝(3600－600)－500＋1238

＝3738mm

①号筋高位长度＝净高－下部非连接区高度－错开连接高度＋伸入梁板内长度

下部非连接区高度＝max(H_n/6，h_c，500)

＝max[(3600－600)/6，500，500]

＝500mm

错开连接高度＝max(35d，500)

＝875mm

伸入梁板内长度＝1.5l_{aE}

＝1.5×33×25

≈1238mm

①号筋高位总长度＝(3600－600)－500－875＋1238

＝2863mm

2）②号筋计算图如图 3-17 所示。

②号筋只有 1 根，根据其所在的位置，判别为高位钢筋。

②号筋高位长度＝净高－下部非连接区高度－错开连接高度＋伸入梁板内长度

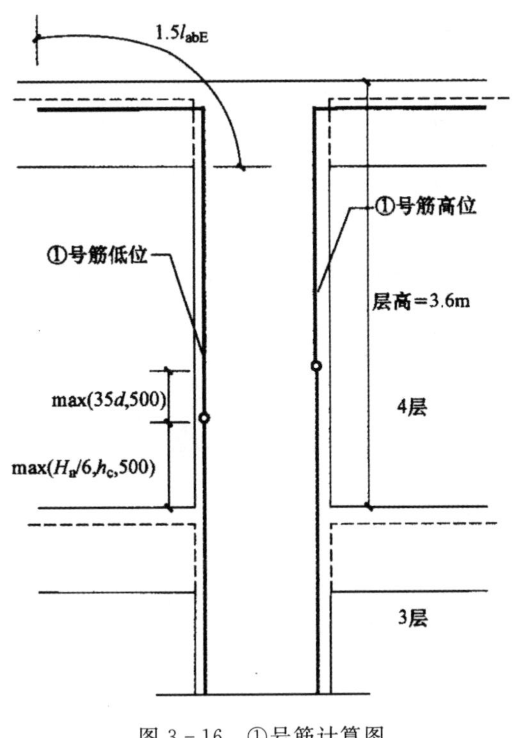

图 3－16　①号筋计算图

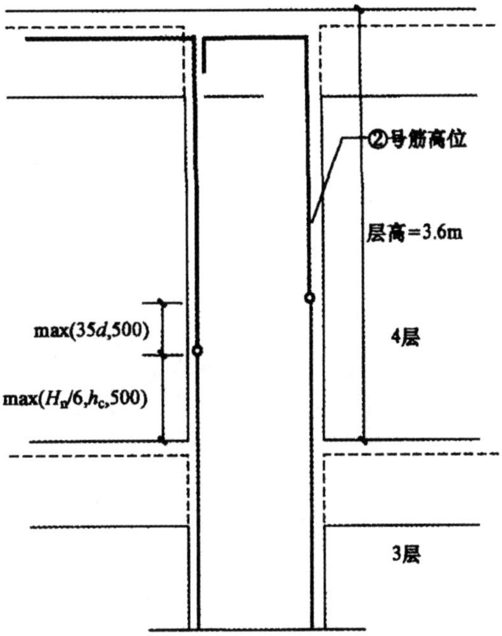

图 3－17　②号筋计算图

下部非连接区高度＝max(H_n/6，h_c，500)

＝max[(3600－600)/6，500，500]

＝500mm

伸入梁板内长度＝(梁高保护层厚度)＋(柱宽－保护层厚度)＋8d

＝(600－20)＋(500－40)＋8×25

＝1240mm

错开连接高度＝max(35d，500)

＝875mm

②号筋高位总长度＝(3600－600)－500－875＋1240

＝2865mm

3）③号筋计算图如图 3－18 所示。

③号筋只有 1 根，根据其所在的位置，判别为低位钢筋。

③号筋低位长度＝净高－下部非连接区高度＋伸入梁板内长度

下部非连接区高度＝max(H_n/6，h_c，500)

＝max[(3600－600)/6，500，500]

＝500mm

伸入梁板内长度＝(梁高－保护层厚度)＋(柱宽－保护层厚度)

＝(600－20)＋(500－40)

＝1040mm

③号筋低位总长度＝(3600－600)－500＋1040

＝3540mm

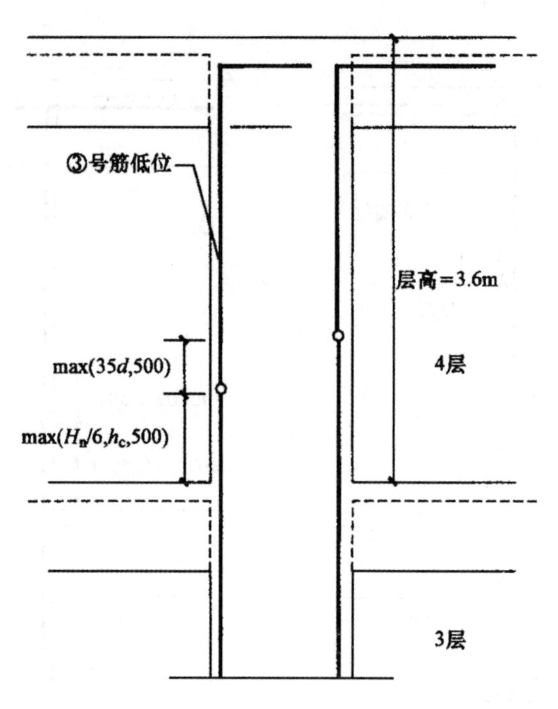

图 3-18 3 号筋计算图

4）④号筋计算图，如图 3-19 所示。

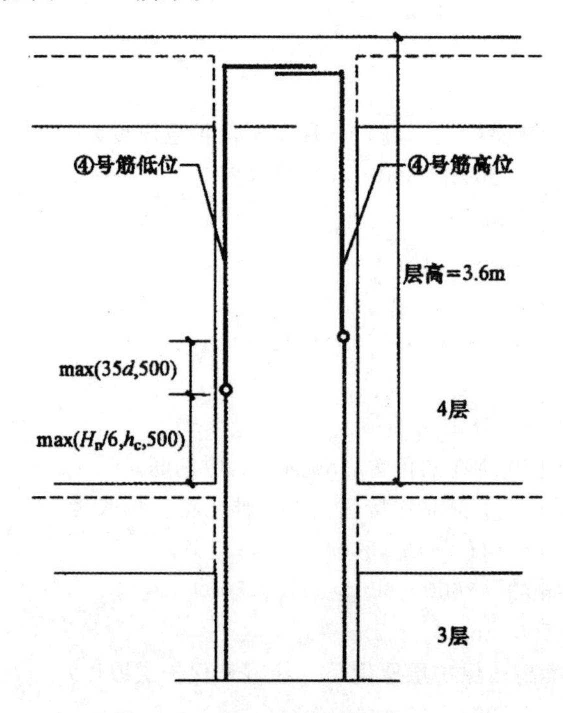

图 3-19 4 号筋计算图

首先，判别④号筋的锚固方式。

由于 $(h_b-700)<(l_{aE}=34d=34\times25=850)$，④号筋所有纵筋伸入顶层梁板内弯锚。

④号筋低位长度＝本层净高－本层非连接区高度＋(梁高－保护层厚度＋12d)

本层非连接区高度＝max(H_n/6，h_c，500)

＝max[(3600－600)/6，500，500]

＝500mm

④号筋低位总长＝(3600－600)－500＋(600－20＋12d)

＝(3600－600)－500＋(600－20＋12×25)

＝3380mm

④号筋高位长度＝本层净高－本层非连接区高度－错开连接高度＋(梁高－保护层厚度＋12d)

本层非连接区高度＝max(H_n/6，h_c，500)

＝max[(3600－600)/6，500，500]

＝500mm

错开连接高度＝max(35d，500)

＝875mm

④号筋高位总长＝(3600－600)－500－875＋(600－20＋12d)

＝(3600－600)－500－875＋(600－20＋12×25)

＝2505mm

【例 3－3】 顶层的层高为 3.00m，抗震框架柱 KZ1 的截面尺寸为 550mm×500mm，柱纵筋为 22 ⌀ 20，混凝土强度等级 C30，二级抗震等级。顶层顶板的框架梁截面尺寸为 300mm×700mm。求顶层的框架柱纵筋尺寸。

【解】

(1) 顶层框架柱纵筋伸到框架梁顶部弯折 12d。

顶层的柱纵筋净长度 H_n ＝3000－700

＝2300mm

根据地下室的计算，H_2＝750mm

1) 与“短筋”相接的柱纵筋

垂直段长度 H_a ＝3000－30－750

＝2220mm

每根钢筋长度＝H_a＋12d

＝2220＋12×20

＝2460mm

2) 与“长筋”相接的柱纵筋

垂直段长度 H_b ＝3000－30－750－35×25

＝1345mm

每根钢筋长度＝H_b＋12d

＝1345＋12×20

＝1585mm

(2) 框架柱外侧纵筋从顶层框架梁的底面算起，锚入顶层框架梁 1.5l_{abE}。

首先，计算框架柱外侧纵筋伸入框架梁之后弯钩的水平段长度 l：

柱纵筋伸入框架梁的垂直长度＝700－30

＝670mm

所以 $l=1.5l_{abE}-670$

$=1.5\times40\times20-670$

＝530mm

根据前面的计算结果，则

与“短筋”相接的柱纵筋垂直段长度 H_a 为 2220mm。

加上弯钩水平段 l 的每根钢筋长度＝H_a+l

＝2220＋530

＝2750mm

与“长筋”相接的柱纵筋垂直段长度 H_b 为 1345mm。

加上弯钩水平段 l 的每根钢筋长度＝H_b+l

＝1345＋530

＝1875mm

3.2 地下室框架柱钢筋计算

常遇问题

1. 什么是地下室框架柱？
2. 地下室抗震框架柱纵向钢筋构造有哪些做法？

【计算方法】

◆地下室框架柱的概念

地下室框架柱是指地下室内的框架柱，如图 3－20 所示。

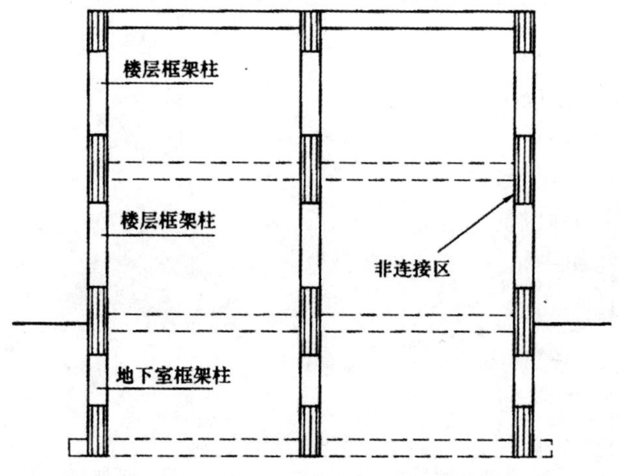

图 3－20 地下室框架柱示意图

◆**框架柱的非连接区高度**

地震作用下的框架柱弯矩分布示意图如图 3-21 所示。

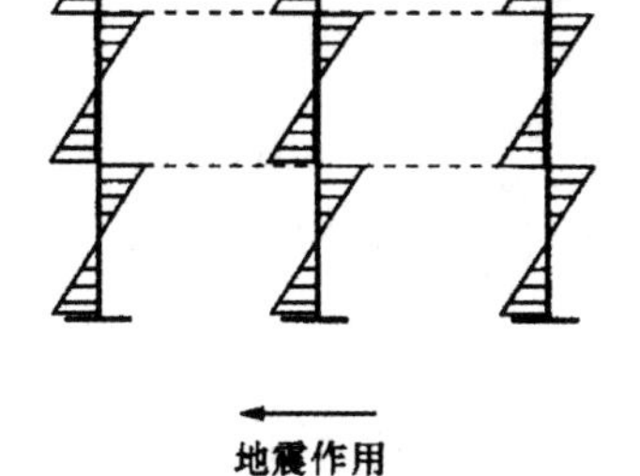

图 3-21 抗震框架柱弯矩分布

由图 3-21 可见，框架柱弯矩的反弯点通常在每层柱的中部，弯矩反弯点附近的内力较小，在此范围进行连接符合“受力钢筋连接应在内力较小处”的原则，为此，规定抗震框架柱梁节点附近为柱纵向受力钢筋的非连接区，非连接区的范围如图 3-22 所示。

◆**地下室抗震框架柱纵向钢筋构造**

地下室抗震框架柱纵向钢筋连接构造共分绑扎搭接、机械连接、焊接连接三种连接方式，如图 3-23 所示。

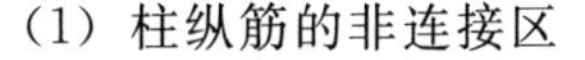
(1) 柱纵筋的非连接区

1) 基础顶面以上有一个“非连接区”，其长度≥max ($H_n/6$，h_c，500) (H_n 为从基础顶面到顶板梁底的柱的净高；h_c 为柱截面长边尺寸，圆柱为截面直径)。

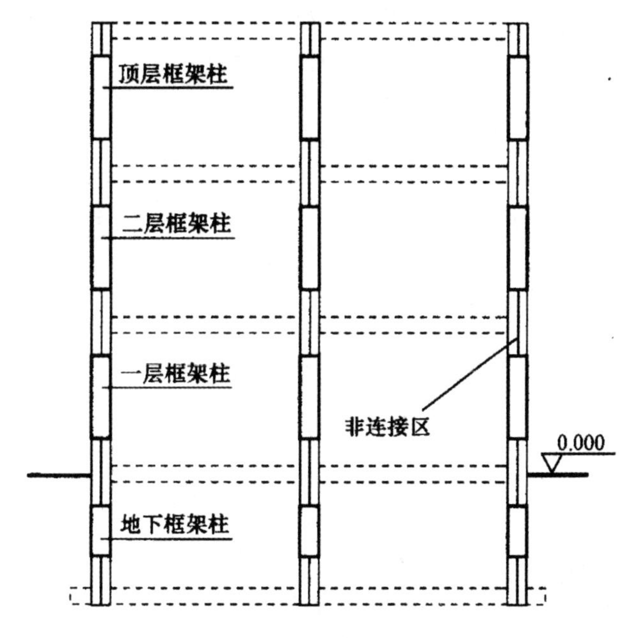

图 3-22 非连接区范围示意

2) 地下室楼层梁上下部范围内形成一个“非连接区”，其长度包括梁底以下部分、梁中部分和梁顶以上部分。

①梁底以下部分的非连接区长度≥max ($H_n/6$，h_c，500) (H_n 为所在楼层的柱净高；h_c 为柱截面长边尺寸，圆柱为截面直径)。

②梁中部分的非连接区长度=梁的截面高度。

③梁顶以上部分的非连接区长度≥max ($H_n/6$，h_c，500) (H_n 为上一楼层的柱净高；h_c 为柱截面长边尺寸，圆柱为截面直径)。

3) 嵌固部位上下部范围内形成一个“非连接区”，其长度包括梁底以下部分、梁中部分和梁顶以上部分。

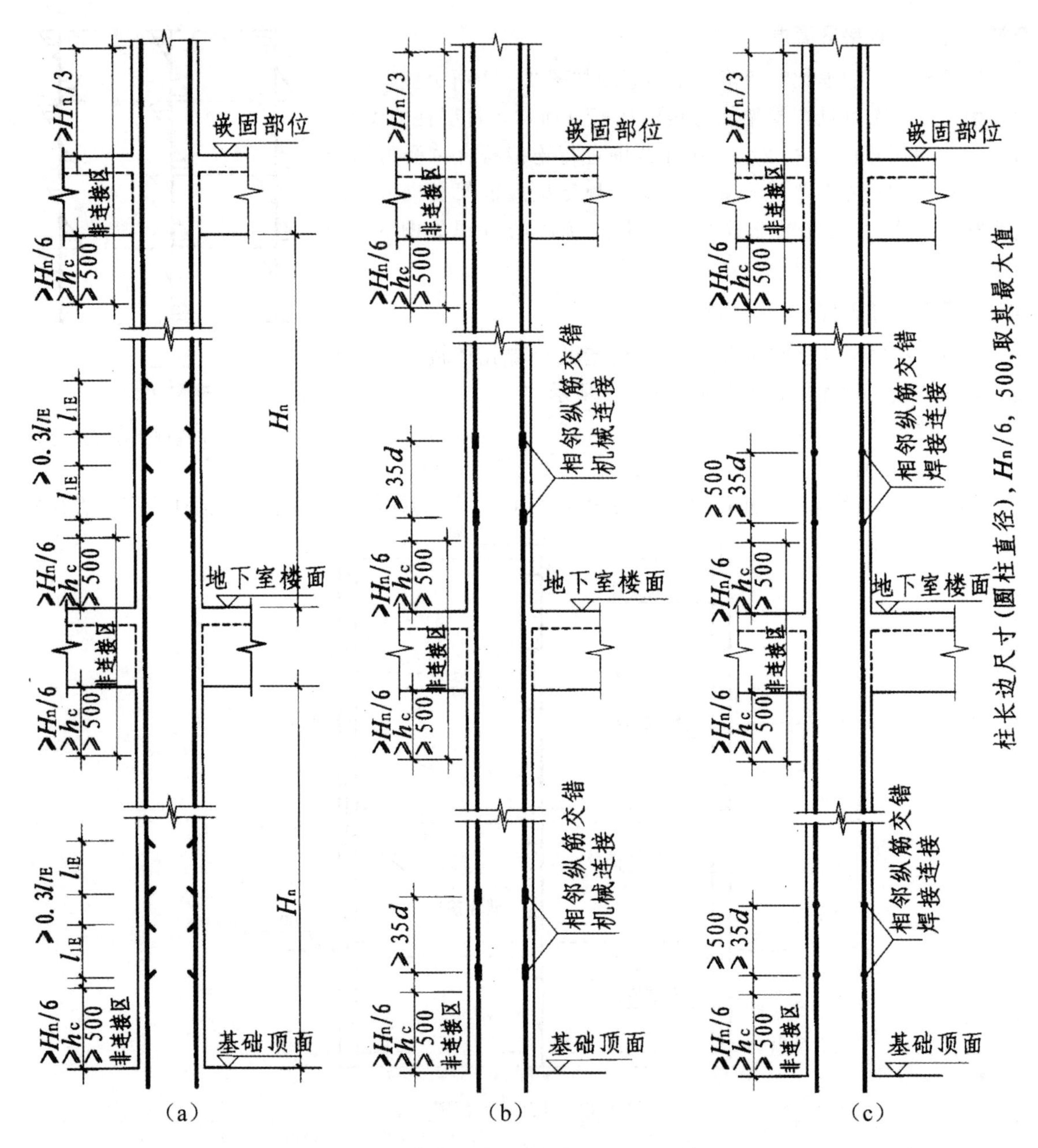

图 3-23 地下室抗震 KZ 纵向钢筋连接构造

(a) 绑扎搭接；(b) 机械连接；(c) 焊接连接

①嵌固部位梁以下部分的非连接区长度≥max（$H_n/6$，h_c，500）（H_n 为所在楼层的柱净高；h_c 为柱截面长边尺寸，圆柱为截面直径）。

②嵌固部位梁中部分的非连接区长度=梁的截面高度。

③嵌固部位梁以上部分的非连接区长度≥$H_n/3$（H_n 为上一楼层的柱净高）。

（2）柱相邻纵向钢筋连接接头

柱相邻纵向钢筋连接接头相互错开，在同一截面内钢筋接头面积百分率不应大于50%。

柱纵向钢筋连接接头相互错开距离：

1）机械连接接头错开距离≥35d。

2）焊接连接接头错开距离≥35d 且≥500mm。

3）绑扎搭接连接搭接长度 l_{lE}（l_{lE}是抗震的绑扎搭接长度），接头错开的净距离≥0.3l_{lE}。

【实　　例】

【例 3-4】 KZ1 平法施工图如图 3-24 所示。试求 KZ1 的纵筋及箍筋，其中，混凝土强度等级为 C30，抗震等级为一级。

层号	顶标高 /m	层高 /m	顶梁高 /mm
4	15.87	3.6	700
3	12.27	3.6	700
2	8.67	4.2	700
1	4.47	4.2	700
−1	−0.03	4.5	700
基础	−5.53	—	基础厚800

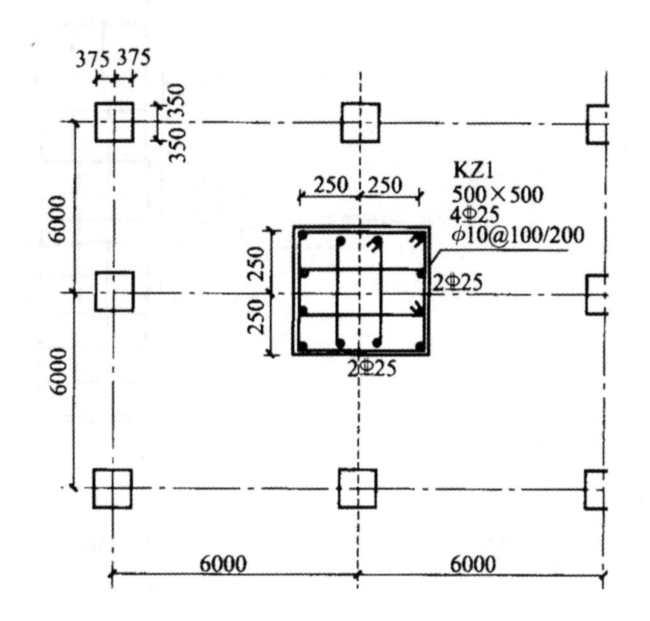

图 3-24　KZ1 平法施工图

【解】

由混凝土强度等级 C30 和一级抗震，查表 1-1 得：柱钢筋混凝土保护层厚度 $c_{柱}=20$mm，基础钢筋保护层厚度 $c_{基础}=40$mm。

由图 3-24 可以看出，$d_{箍}=10$mm，$d_{主}=25$mm。

KZ1 的计算简图如图 3-25 所示。

（1）KZ1 的纵筋计算

①号筋（低位）的长度＝本层层高－本层下端非连接区高度＋伸入上层非连接区高度

$=(4500+1000)-(4500+1000-700)/3+(4200-700)/3$

≈ 5067mm

②号筋（高位）的长度＝本层层高－本层下端非连接区高度－本层错开接头长度＋伸入上层非连接区高度＋上层错开接头长度

$=(4500+1000)-(4500+1000-700)/3-\max(35d,500)+(4200-700)/3+\max(35d,500)$

≈ 5067mm

（2）KZ1 的箍筋长度计算（中心线长度为准）

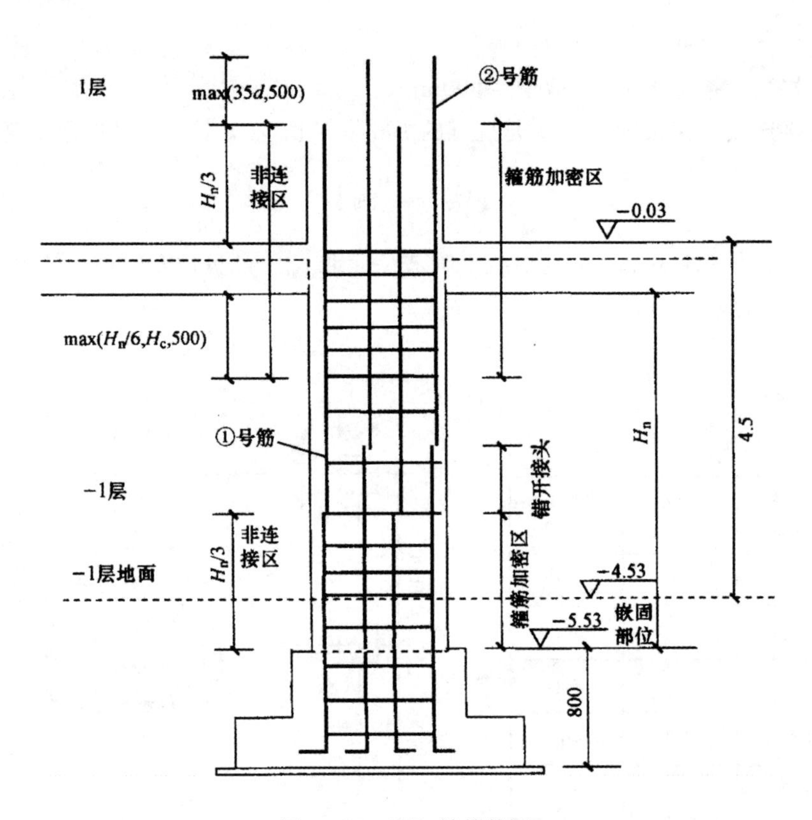

图 3-25 KZ1 计算简图

外大箍长度$=2\times[(b-2c_{柱}-d_{箍})+(h-2c_{柱}-d_{箍})]+2\times(1.9d_{箍}+10d_{箍})$

$=2\times[(500-2\times20-10)+(500-2\times20-10)]+2\times(1.9\times10+10\times10)$

$=2038$mm

里小箍长度$=2\times[(b-2c_{柱}-2d_{箍}-d_{主})/3+d_{主}+d_{箍}+(h-2c_{柱}-d_{箍})]+2\times11.9d_{箍}$

$=2\times[(500-40-20-25)/3+25+10+(500-40-10)]+2\times11.9\times10$

≈1484mm

(3) KZ1 的箍筋根数计算

由图 3-25 可以看出，箍筋分布分为两种情况：加密区和非加密区，加密区箍筋间距为 100mm，非加密区箍筋间距为 200mm，其中，加密区又可分为下部加密区和上部加密区。

下部加密区长度$=H_n/3$

$=(4500+1000-700)/3$

$=1600$mm

上部加密区长度＝梁板厚＋梁下箍筋加密区高度

$=700+\max(H_n/6,h_c,500)$

$=700+\max(5500/6,500,500)$

≈1617mm

箍筋根数$=(1600/100+1)+(1600/100+1)+(5500-1600-1617)/200-1$

$=45$ 根

【例 3-5】 KZ2 的平法施工图如图 3-26 所示。试求 KZ2 的纵筋及箍筋，其中，混凝土强度等级为 C30，抗震等级为一级。

层号	顶标高/m	层高/m	顶梁高/mm
4	15.87	3.6	700
3	12.27	3.6	700
2	8.67	3.6	700
1	4.47	3.6	700
1	0.03	3.6	700
基础	4.13	—	基础厚 500

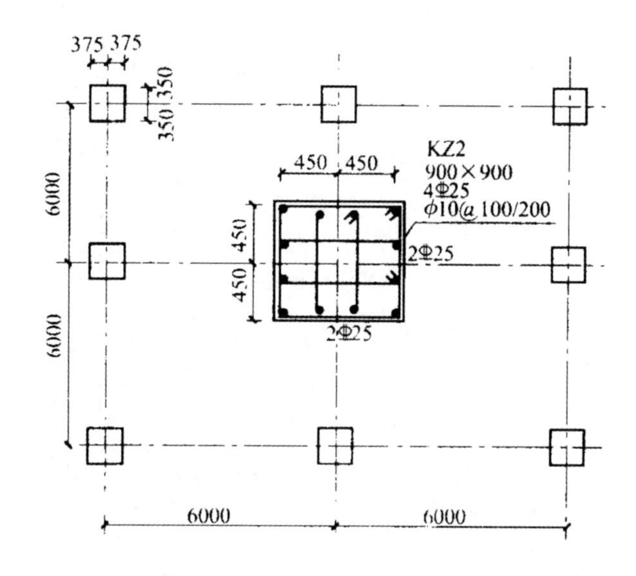

图 3-26　KZ2 平法施工图

【解】

由混凝土强度等级 C30 和一级抗震，查表 1-1 得：柱钢筋混凝土保护层厚度 $c_{柱}=20\text{mm}$，基础钢筋保护层厚度 $c_{基础}=40\text{mm}$。

由图 3-26 可以看出，$d_{箍}=10\text{mm}$，$d_{主}=25\text{mm}$。

KZ2 的计算简图如图 3-27 所示。

首先，先判别 KZ2 是否为短柱。

$H_n/h_c=(3600+500-700)/900<4$，则 KZ2 为地下框架短柱。

(1) KZ2 纵筋长度计算

低位（①号筋）长度=层高-本层下端非连接区高度+伸入上层非连接区高度

本层下端非连接区高度$=\max(H_n/3,h_c)$

$=\max[(3600+500-700)/3,900]$

$\approx 1133\text{mm}$

伸入上层非连接区高度$=\max(H_n/3,h_c)$

$=\max[(3600+500-700)/3,900]$

$\approx 1133\text{mm}$

低位（①号筋）总长$=3600+500-1133+1133$

$=4100\text{mm}$

高位（②号筋）长度=层高-本层下端非连接区高度-本层错开接头长度+伸入上层非连接区高度+上层错开接头

本层下端非连接区高度$=\max(H_n/3,h_c)$

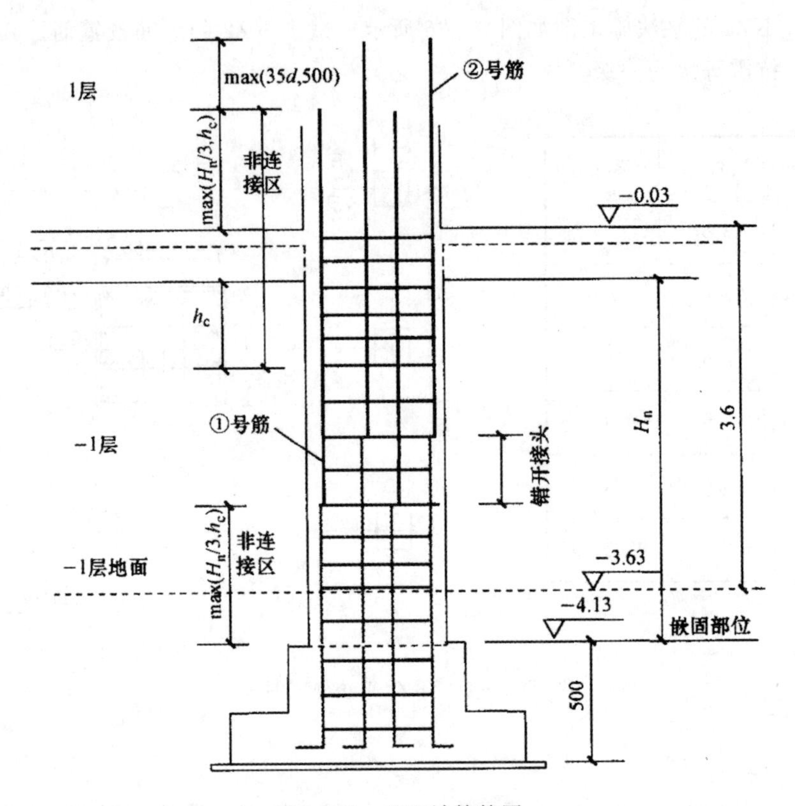

图 3-27 KZ2 计算简图

$=\max[(3600+500-700)/3,900]$

$\approx 1133\text{mm}$

伸入上层非连接区高度$=\max(H_n/3,h_c)$

$=\max[(3600+500-700)/3,900]$

$\approx 1133\text{mm}$

高位（②号筋）总长$=3600+500-1133-\max(35d,500)+1133+\max(35d,500)$

$=4100\text{mm}$

(2) 箍筋长度计算

外大箍长度$=2\times[(900-40-10)+(900-40-10)]+2\times 11.9\times 10$

$=3638\text{mm}$

里小箍长度$=2\times[900-40-20-25]/3+25+10]+2\times(900-40-10)+2\times 11.9\times 10$

$=2552\text{mm}$

(3) 箍筋根数计算

由于地下框架短柱为全高加密，所示

箍筋根数$=(3600+500)/100+1$

$=42$ 根

3.3 墙上柱、梁上柱纵筋计算

常遇问题

1. 墙上柱纵筋如何计算?
2. 梁上柱纵筋如何计算?
3. 如何理解抗震框架柱、剪力墙上柱、梁上柱的箍筋加密区范围?

【计算方法】

◆墙上柱纵筋计算

墙上柱插筋可分为三种构造形式：绑扎搭接、机械连接和焊接连接，如图 3-28 所示。

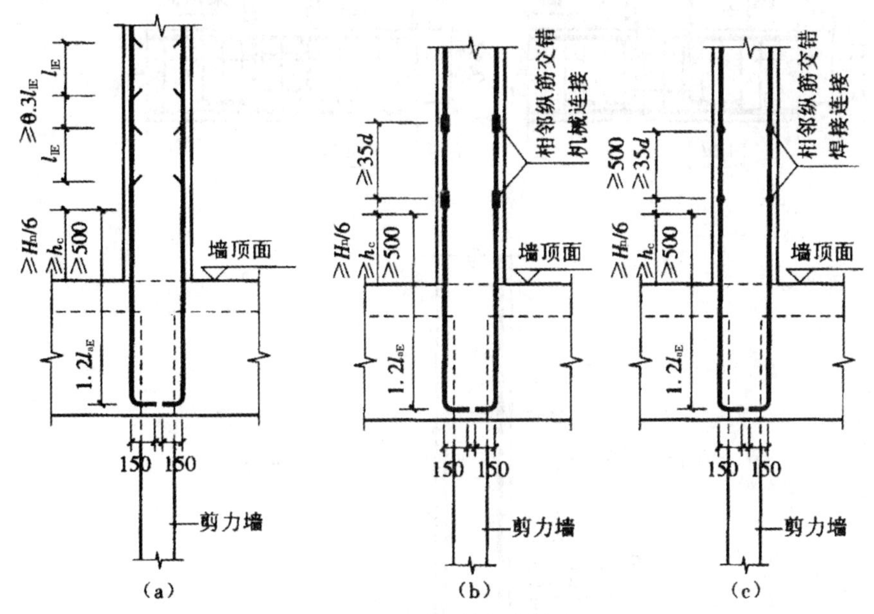

图 3-28 墙上柱插筋构造

(a) 绑扎搭接；(b) 机械连接；(c) 焊接连接

其计算公式如下：

(1) 绑扎搭接

墙上柱长插筋长度$=1.2l_{aE}+\max(H_n/6,500,h_c)+2.3l_{lE}+$弯折($h_c/2-$保护层厚度$+2.5d$)

墙上柱短插筋长度$=1.2l_{aE}+\max(H_n/6,500,h_c)+$弯折($h_c/2-$保护层厚度$+2.5d$)

(2) 机械连接

墙上柱长插筋长度$=1.2l_{aE}+\max(H_n/6,500,h_c)+35d+$弯折($h_c/2-$保护层厚度$+2.5d$)

墙上柱短插筋长度$=1.2l_{aE}+\max(H_n/6,500,h_c)+$弯折($h_c/2-$保护层厚度$+2.5d$)

(3) 焊接连接

墙上柱长插筋长度$=1.2l_{aE}+\max(H_n/6,500,h_c)+\max(35d,500)+$弯折($h_c/2-$保护层厚度$+2.5d$)

墙上柱短插筋长度$=1.2l_{aE}+\max(H_n/6,500,h_c)+$弯折$(h_c/2-$保护层厚度$+2.5d)$

◆**梁上柱纵筋计算及实例**

梁上柱插筋可分为三种构造形式：绑扎搭接、机械连接和焊接连接，如图 3－29 所示。

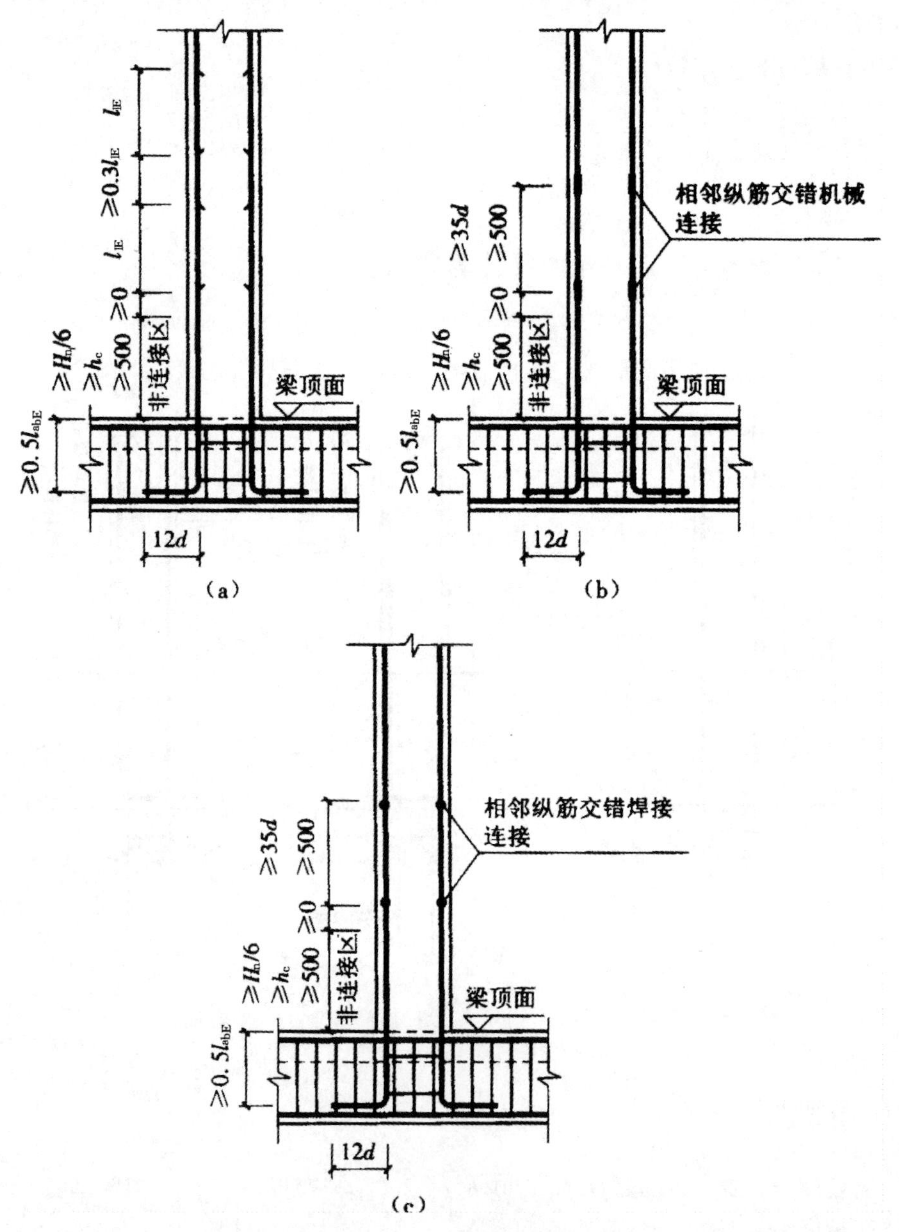

图 3－29　梁上柱插筋构造

(a) 绑扎搭接；(b) 机械连接；(c) 焊接连接

其计算公式如下：

(1) 绑扎搭接

梁上柱长插筋长度$=$梁高度$-$梁保护层厚度$-\Sigma$[梁底部钢筋直径$+\max(25,d)$]$+12d+\max(H_n/6,500,h_c)+2.3l_{lE}$

梁上柱短插筋长度＝梁高度－梁保护层厚度－Σ[梁底部钢筋直径＋max(25,d)]＋

$12d+\max(H_n/6,500,h_c)+l_{lE}$

(2)机械连接

梁上柱长插筋长度＝梁高度－梁保护层厚度－Σ[梁底部钢筋直径＋max(25,d)]＋

$12d+\max(H_n/6,500,h_c)+35d$

梁上柱短插筋长度＝梁高度－梁保护层厚度－Σ[梁底部钢筋直径＋max(25,d)]＋

$12d+\max(H_n/6,500,h_c)$

(3) 焊接连接

梁上柱长插筋长度＝梁高度－梁保护层厚度－Σ［梁底部钢筋直径＋max（25，d)］＋

$12d+\max(H_n/6, 500, h_c)+\max(35d, 500)$

梁上柱短插筋长度＝梁高度－梁保护层厚度－Σ［梁底部钢筋直径＋max（25，d)］＋

$12d+\max(H_n/6, 500, h_c)$

◆抗震框架柱、剪力墙上柱、梁上柱的箍筋加密区范围

箍筋对混凝土的约束程度是影响框架柱弹塑性变形能力的重要因素之一。从抗震的角度考

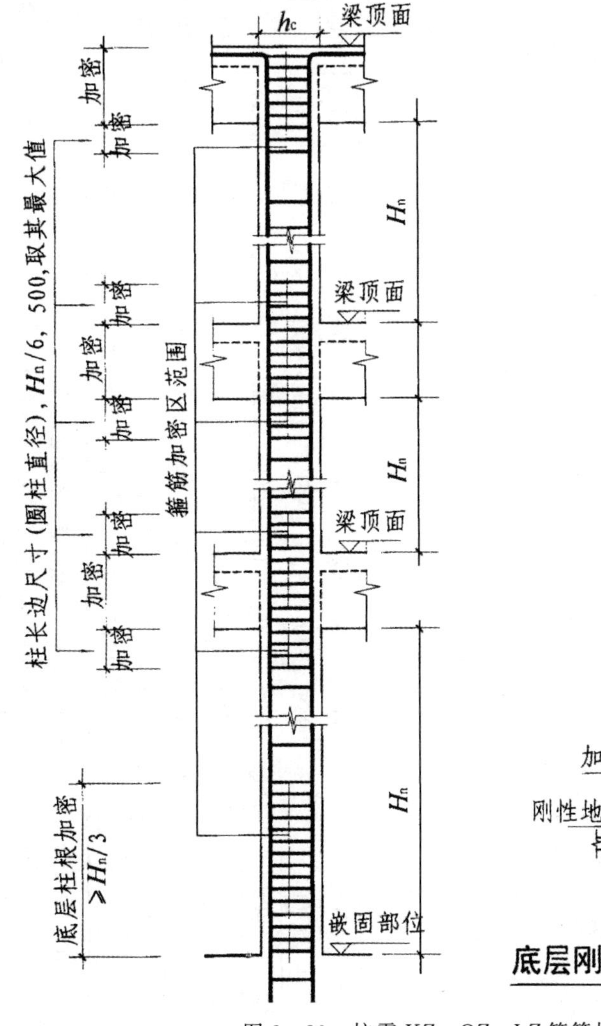

图 3－30　抗震 KZ、QZ、LZ 箍筋加密范围

表 3-1　抗震框架柱和小墙肢箍筋加密区高度选用表

（单位：mm）

柱净高 H_n	柱截面长边尺寸h_c或圆柱直径 D																		
	400	450	500	550	600	650	700	750	800	850	900	950	1000	1050	1100	1150	1200	1250	1300
1500																			
1800	500																		
2100	500	500	500																
2400	500	500	500	550															
2700	500	500	500	550	600	650							箍筋全高加密						
3000	500	500	500	550	600	650	700												
3300	550	550	550	550	600	650	700	750	800										
3600	600	600	600	600	600	650	700	750	800	850									
3900	650	650	650	650	650	650	700	750	800	850	900	950							
4200	700	700	700	700	700	700	700	750	800	850	900	950	1000						
4500	750	750	750	750	750	750	750	750	800	850	900	950	1000	1050	1100				
4800	800	800	800	800	800	800	800	800	800	850	900	950	1000	1050	1100	1150			
5100	850	850	850	850	850	850	850	850	850	850	900	950	1000	1050	1100	1150	1200	1250	
5400	900	900	900	900	900	900	900	900	900	900	900	950	1000	1050	1100	1150	1200	1250	1300
5700	950	950	950	950	950	950	950	950	950	950	950	950	1000	1050	1100	1150	1200	1250	1300
6000	1000	1000	1000	1000	1000	1000	1000	1000	1000	1000	1000	1000	1000	1050	1100	1150	1200	1250	1300
6300	1050	1050	1050	1050	1050	1050	1050	1050	1050	1050	1050	1050	1050	1050	1100	1150	1200	1250	1300
6600	1100	1100	1100	1100	1100	1100	1100	1100	1100	1100	1100	1100	1100	1100	1100	1150	1200	1250	1300
6900	1150	1150	1150	1150	1150	1150	1150	1150	1150	1150	1150	1150	1150	1150	1150	1150	1200	1250	1300
7200	1200	1200	1200	1200	1200	1200	1200	1200	1200	1200	1200	1200	1200	1200	1200	1200	1200	1250	1300

注：1. 表内数值未包括框架嵌固部位柱根部箍筋加密区范围。

2. 柱净高（包括因嵌砌填充墙等形成的柱净高）与柱截面长边尺寸（圆柱为截面直径）的比值$H_n/h_c \leqslant 4$时，箍筋沿柱全高加密。

3. 小墙肢即墙肢长度不大于墙厚4倍的剪力墙。矩形小墙肢的厚度不大于300mm时，箍筋全高加密。

虑，为增加柱接头搭接整体性以及提高柱承载能力，抗震框架柱（KZ）、剪力墙上柱（QZ）、梁上柱（LZ）的箍筋加密区范围如图 3-30 所示。

（1）柱端取截面高度或圆柱直径、柱净高的 1/6 和 500mm 三者中的最大值。

（2）底层柱的下端不小于柱净高的 1/3。

（3）刚性地面上下各 500mm。

（4）剪跨比不大于 2 的柱、因设置填充墙等形成的柱净高与柱截面高度之比不大于 4 的柱、框支柱、一级和二级框架的角柱，取全高。

（5）当柱在某楼层各向均无梁连接时，计算箍筋加密范围采用的 H_n 按该跃层柱的总净高取用。

（6）墙上起柱，在墙顶面标高以下锚固范围内的柱箍筋，按上柱非加密区箍筋要求配置。

（7）梁上起柱在梁内设两道柱箍筋。

实践中为便于施工时确定柱箍筋加密区的高度，可按表 3-1 查用，但表中数值未包括框架嵌固部位柱根部箍筋加密区范围。

【实　　例】

【例 3-6】 梁上柱 LZ1 平面布置图如图 3-31 所示，计算梁上柱 LZ1 的纵筋及箍筋。

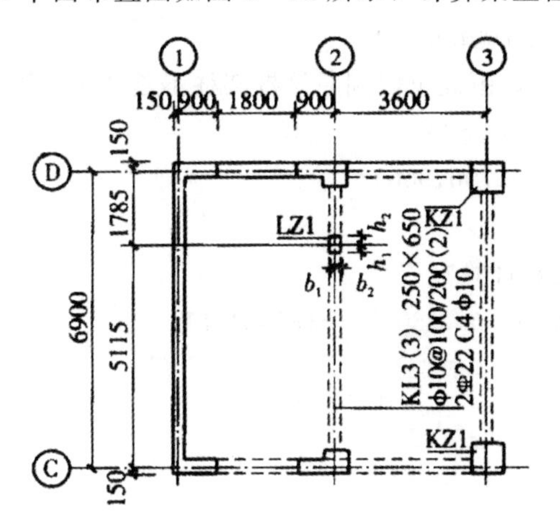

图 3-31 LZ1 平面布置图

梁上柱 LZ1 的截面尺寸和配筋信息：

LZ1　250mm×400mm　6 Φ 14　φ8@150　$b_1=b_2=150$mm　$h_1=h_2=200$mm

【解】

（1）梁上柱 LZ1 纵筋的计算

楼层层高=3.60mm，LZ1 的梁顶相对标高高差=-1.800，则 L1 的梁顶距下一层楼板顶的距离为 3600-1800=1800mm

柱根下部的 KL3 截面高度=650mm

LZ1 的总长度=1800+650

=2450mm

柱纵筋的垂直段长度=2450-(20+8)-(22+20+10)

=2370mm

（其中，20+8 为柱的保护层厚度；20+10 为梁的保护层厚度；22 为梁纵筋直径）

柱纵筋的弯钩长度＝12×14

＝168mm

柱纵筋的每根长度＝168+2370+168

＝2706mm

（2）梁上柱 LZ1 箍筋的计算

LZ1 的箍筋根数＝2370/150+1

≈17 根

箍筋的每根长度＝(210+340)×2+26×8

＝1308mm

【例 3-7】 楼层的层高为 4.20m，抗震框架柱 KZ1 的截面尺寸为 700mm×650mm，箍筋标注为 ϕ10@100/200，该层顶板的框架梁截面尺寸为 300mm×700mm。求该楼层的框架柱箍筋根数。

【解】

（1）本层楼的柱净高为 H_n ＝4200－700

＝3500mm

框架柱截面长边尺寸 h_c＝700mm

H_n/h_c＝3500/700＝5>4，由此可以判断该框架柱不是“短柱”。

加密区长度＝max(H_n/6,h_c,500)

＝max(3500/6,700,500)

＝700mm

（2）上部加密区箍筋根数计算

加密区长度＝max（H_n/6，h_c，500）＋框架梁高度

＝700+700

＝1400mm

根数＝1400/100

＝14 根

所以上部加密区实际长度＝14×100

＝1400mm

（3）下部加密区箍筋根数计算

加密区长度＝max(H_n/6,h_c,500)

＝700mm

根数＝700/100

＝7 根

所以下部加密区实际长度＝7×100

＝700mm

（4）中间非加密区箍筋根数计算

非加密区长度＝4200－1400－700

＝2100mm

根数＝2100/200

　　＝11 根

(5) 本层 KZ1 箍筋根数计算

根数＝14＋7＋11

　　＝32 根

4

剪力墙构件钢筋计算

4.1 剪力墙身钢筋计算

常遇问题

1. 剪力墙身水平钢筋构造有哪些形式？
2. 剪力墙身竖向钢筋构造有哪些形式？

【计算方法】

◆剪力墙身水平钢筋构造

（1）水平钢筋在暗柱中的构造

1）水平钢筋在端部暗柱中的构造。端部有暗柱时，剪力墙水平钢筋从暗柱纵筋的外侧插入暗柱，伸到暗柱端部弯折10d，如图4－1所示。

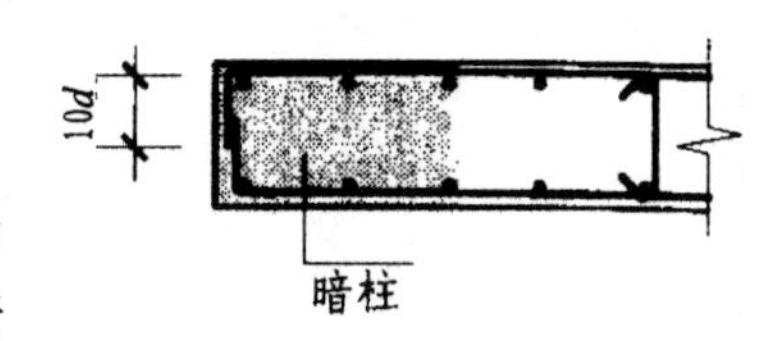

图4－1 水平钢筋在端部暗柱墙中的构造

2）水平钢筋在转角墙中的构造。水平钢筋在转角墙中的构造共有三种情况，如图4－2所示。

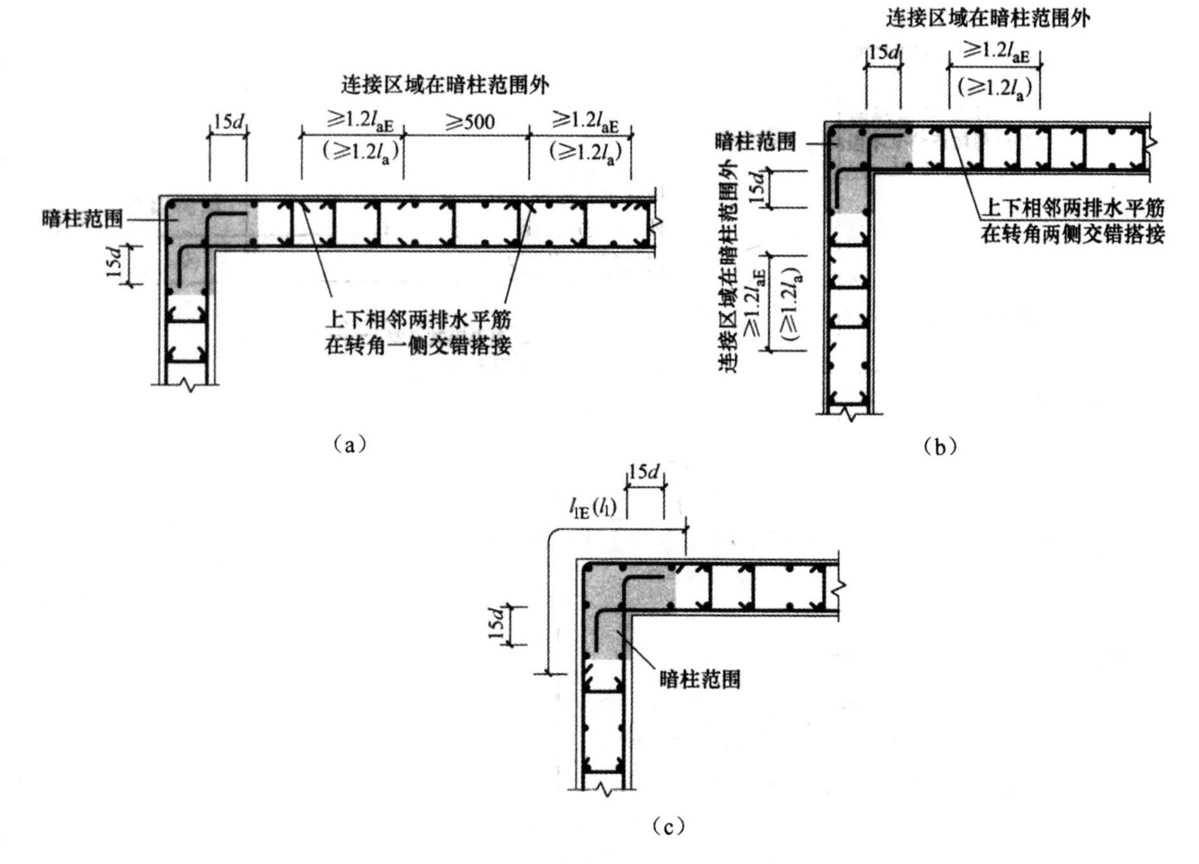

图4－2 墙身水平筋在转角墙中柱中的构造

①图 4-2（a）：上下相邻两排水平分布筋在转角一侧交错搭接连接，搭接长度≥$1.2l_{aE}$（$1.2l_a$），搭接范围错开间距 500mm；墙外侧水平分布筋连续通过转角，在转角墙核心部位以外与另一片剪力墙的外侧水平分布筋连接，墙内侧水平分布筋伸至转角墙核心部位的外侧钢筋内侧，水平弯折 15d。

②图 4-2（b）：上下相邻两排水平分布筋在转角两侧交错搭接连接，搭接长度≥$1.2l_{aE}$（$1.2l_a$）；墙外侧水平分布筋连续通过转角，在转角墙核心部位以外与另一片剪力墙的外侧水平分布筋连接，墙内侧水平分布筋伸至转角墙核心部位的外侧钢筋内侧，水平弯折 15d。

③图 4-2（c）：墙外侧水平分布筋在转角处搭接，搭接长度为 l_{lE}（l_l），墙内侧水平分布筋伸至转角墙核心部位的外侧钢筋内侧，水平弯折 15d。

3）水平钢筋在翼墙中的构造。水平钢筋在翼墙中的构造如图 4-3 所示，翼墙两翼的墙身水平分布筋连续通过翼墙；翼墙肢部墙身水平分布筋伸至翼墙核心部位的外侧钢筋内侧，水平弯折 15d。

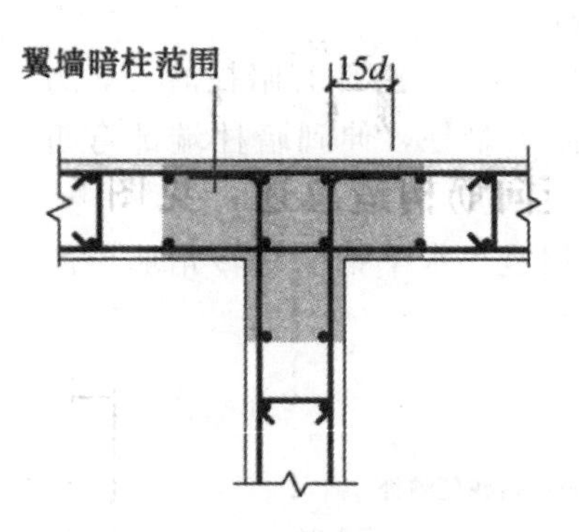

图 4-3 设置翼墙时剪力墙水平钢筋锚固构造

4）水平钢筋在端柱中的构造。端柱位于转角部位时，位于端柱宽出墙身一侧的剪力墙水平分布筋伸入端柱水平长度≥$0.6l_{abE}$（$0.6l_{ab}$），弯折长度为 15d；当直锚深度≥l_{aE}（l_a）时，可不设弯钩。位于端柱与墙身相平一侧的剪力墙水平分布筋绕过端柱阳角，与另一片墙段水平分布筋连接；也可不绕过端柱阳角，而直接伸至端柱角筋内侧向内弯折 15d，如图 4-4（a）所示。

非转角部位端柱，剪力墙水平分布筋伸入端柱弯折长度为 15d；当直锚深度≥l_{aE}（l_a）时，可不设弯钩，如图 4-4（b）、（c）所示。

（2）水平钢筋在端部无暗柱处的构造

剪力墙身水平分布筋在端部无暗柱时，可采用在端部设置 U 形水平筋（目的是箍住边缘竖向加强筋），墙身水平分布筋与 U 形水平搭接；也可将墙身水平分布筋伸至端部弯折 10d，如图 4-5 所示。

（3）水平钢筋交错连接构造

剪力墙身水平钢筋交错连接时，上下相邻的墙身水平分布筋交错搭接连接，搭接长度≥$1.2l_{aE}$（$1.2l_a$），搭接范围交错≥500mm，如图 4-6 所示。

（4）剪力墙水平钢筋多排配筋构造

当 b_w（墙厚度）≤400mm 时，剪力墙设置双排配筋，如图 4-7（a）所示；当 400mm＜b_w（墙厚度）≤700mm 时，剪力墙设置三排配筋，如图 4-7（b）所示；当 b_w（墙厚度）＞700mm

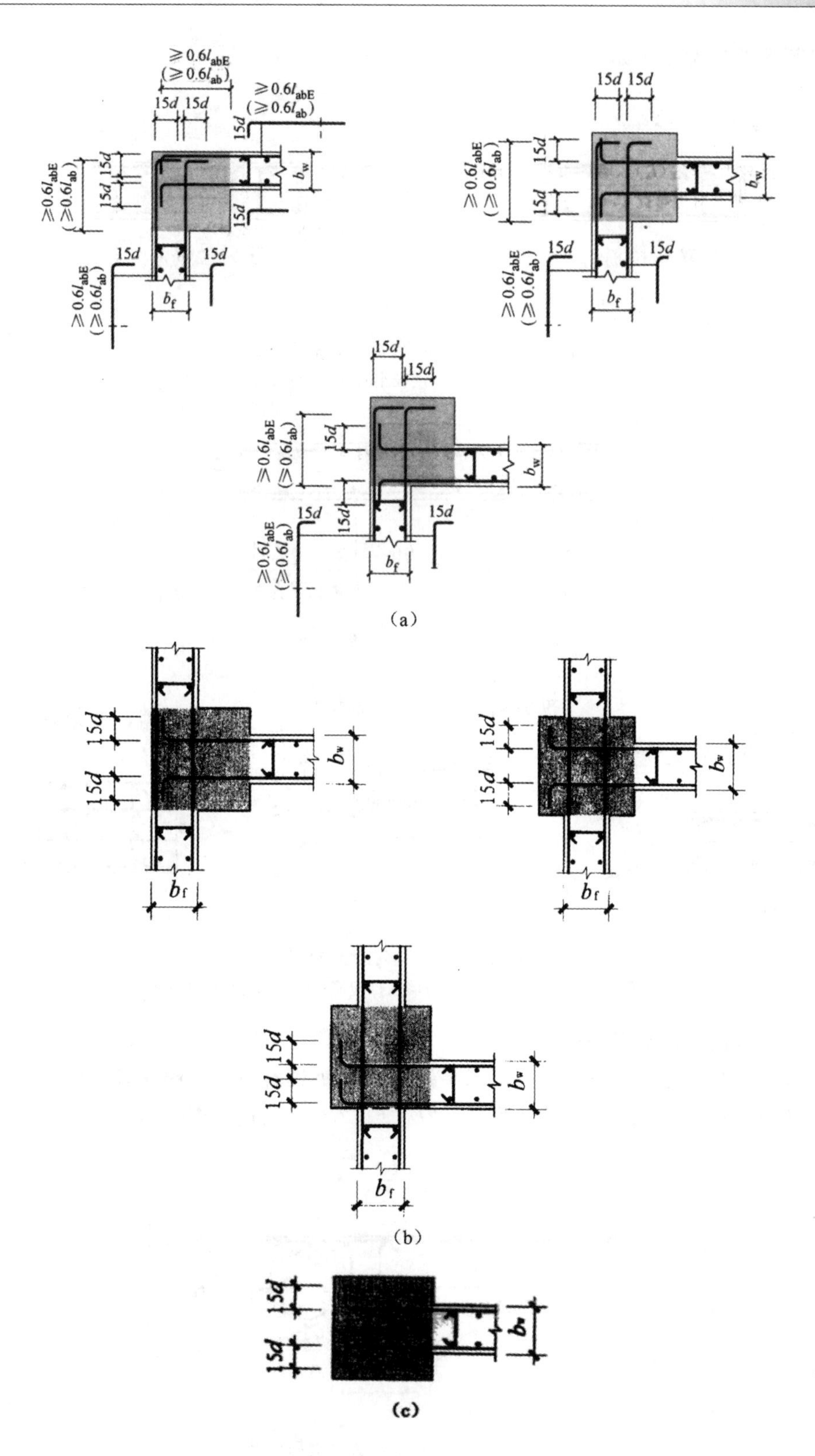

图 4－4　设置端柱时剪力墙水平钢筋锚固构造

(a) 端柱转角处；(b) 端柱翼墙处；(c) 端柱端部处

时，剪力墙设置四排配筋，如图 4-7（c）所示。

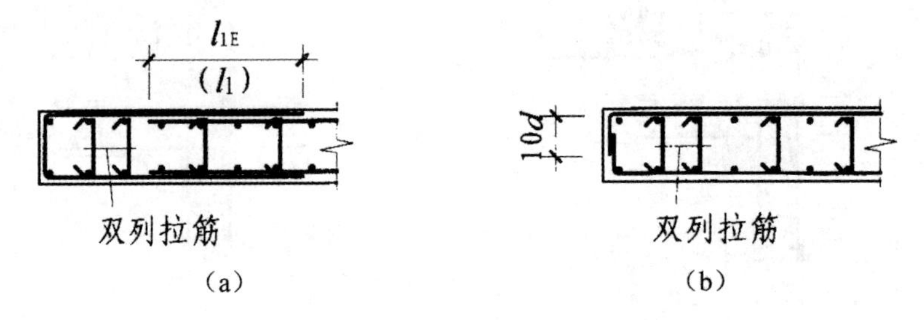

图 4-5 无暗柱时水平钢筋锚固构造

（a）封边方式 1（墙厚度较小）；（b）封边方式 2

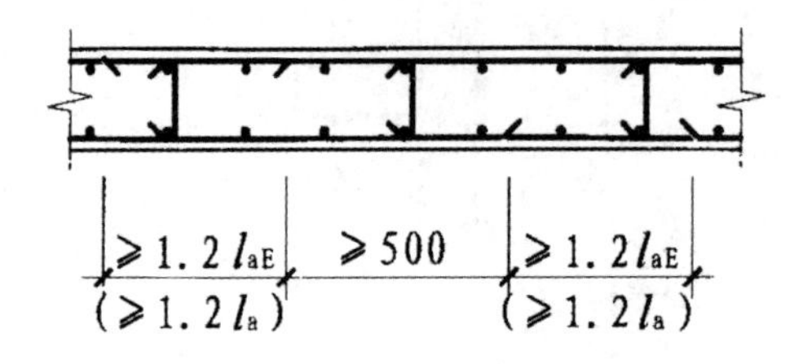

图 4-6 剪力墙水平钢筋交错搭接

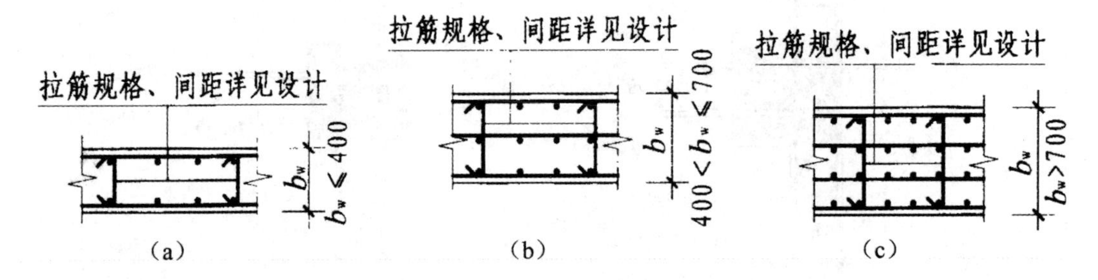

图 4-7 剪力墙多排配筋构造

（a）剪力墙双排配筋；（b）剪力墙三排配筋；（c）剪力墙四排配筋

（5）水平变截面墙水平钢筋构造

剪力墙水平变截面处，墙宽截面一侧水平钢筋伸至变截面处弯直钩，弯折长度≥15d，墙窄截面一侧水平钢筋直锚入墙内，直锚长度≥1.2l_{aE}（1.2l_a），构造如图 4-8 所示。

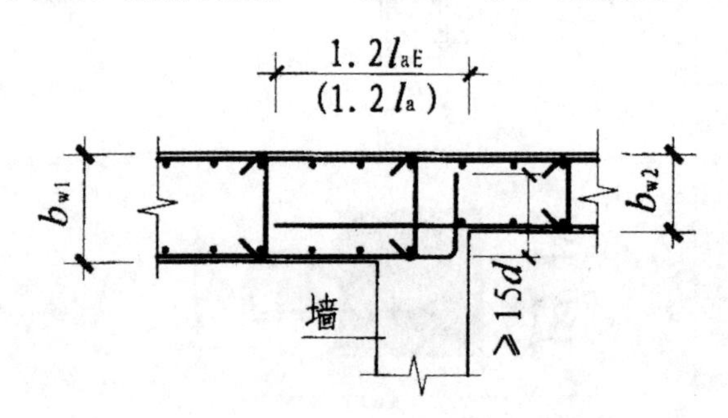

图 4-8 水平变截面墙水平钢筋构造

◆剪力墙身竖向钢筋构造

（1）剪力墙身竖向分布钢筋连接构造

剪力墙身竖向分布钢筋通常采用搭接、机械和焊接三种连接方式。

1）当采用机械连接时，纵筋机械连接接头错开 $35d$；机械连接的连接点距离结构层顶面（基础顶面）或底面≥500mm，如图 4-9（b）所示。

2）当采用焊接连接时，纵筋焊接连接接头错开 $35d$ 且≥500mm；焊接连接的连接点距离结构层顶面（基础顶面）或底面≥500mm，如图4-9（c)所示。

3）当采用搭接连接时，根据部位及抗震等级的不同，可分为两种情况：

①一、二级抗震等级剪力墙底部加强部位：墙身竖向分布钢筋可在楼层层间任意位置搭接连接，搭接长度为 $1.2l_{aE}$，搭接接头错开距离 500mm，钢筋直径大于 28mm 时不宜采用搭接连接，如图 4-9（a）所示。

②一、二级抗震等级剪力墙非底部加强部位或三、四级抗震等级或非抗震剪力墙：墙身竖向分布钢筋可在楼层层间同一位置搭接连接，搭接长度为 $1.2l_{aE}$，钢筋直径大于 28mm 时不宜采用搭接连接，如图 4-9（d）所示。

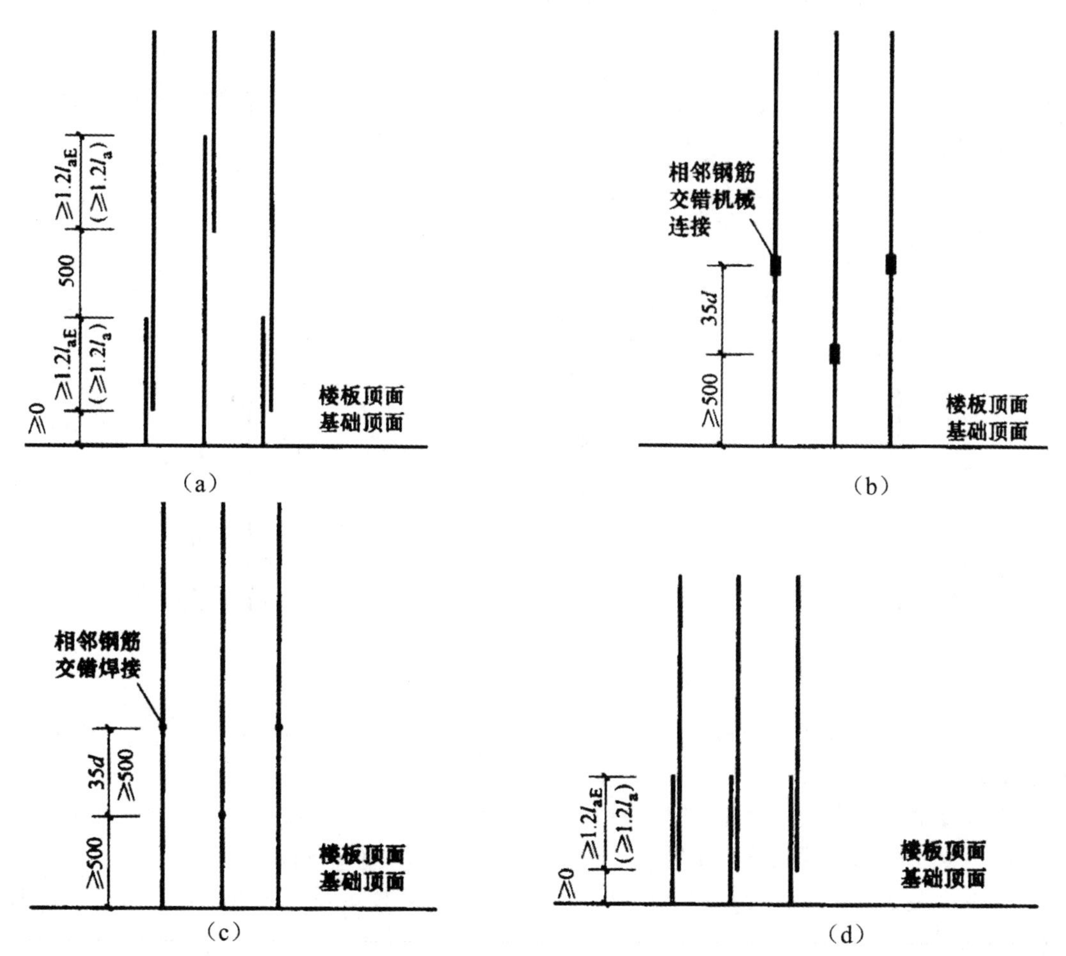

图 4-9　剪力墙身竖向分布钢筋连接构造

（2）剪力墙竖向钢筋多排配筋构造

当 b_w（墙厚度）≤400mm 时，剪力墙设置双排配筋，如图 4－10（a）所示；当 400mm＜b_w（墙厚度）≤700mm 时，剪力墙设置三排配筋，如图 4－10（b）所示；当 b_w（墙厚度）＞700mm 时，剪力墙设置四排配筋，如图 4－10（c）所示。

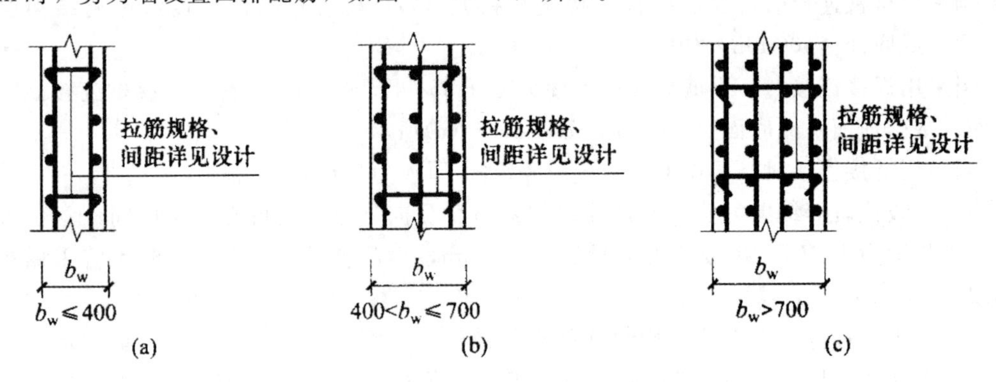

图 4－10　剪力墙多排配筋构造

（a）剪力墙双排配筋；（b）剪力墙三排配筋；（c）剪力墙四排配筋

（3）剪力墙竖向钢筋顶部构造

剪力墙竖向钢筋伸入屋面板或楼板顶部，弯折 12d；其在边框梁中的锚固长度为 l_{aE}（l_a），如图 4－11 所示。

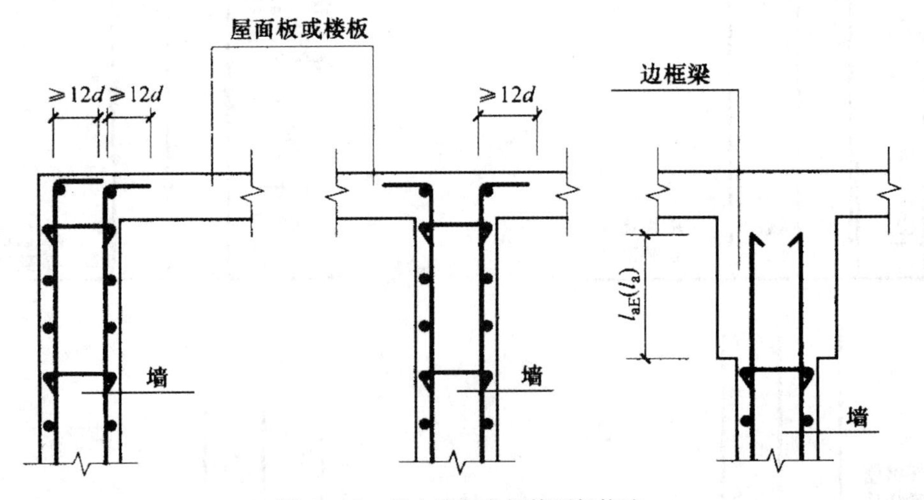

图 4－11　剪力墙竖向钢筋顶部构造

（4）剪力墙变截面处竖向钢筋构造

剪力墙变截面处竖向钢筋构造可分为四种情况，如图 4－12 所示。

1）单侧变截面（内侧错台）。变截面的一侧下层墙竖向筋伸至楼板顶部弯直钩，弯折长度≥12d，上层竖向钢筋直锚长度为 1.2l_{aE}（1.2l_a），如图 4－12（a）所示。

2）两侧变截面（错台较大）。双侧下层墙竖向钢筋伸至楼板顶部弯直钩，弯折长度≥12d，上层竖向钢筋直锚长度为 1.2l_{aE}（1.2l_a），如图 4－12（b）所示。

3）两侧变截面（Δ≤30mm）。剪力墙竖向钢筋弯折连续通过变截面处，如图 4－12（c）所示。

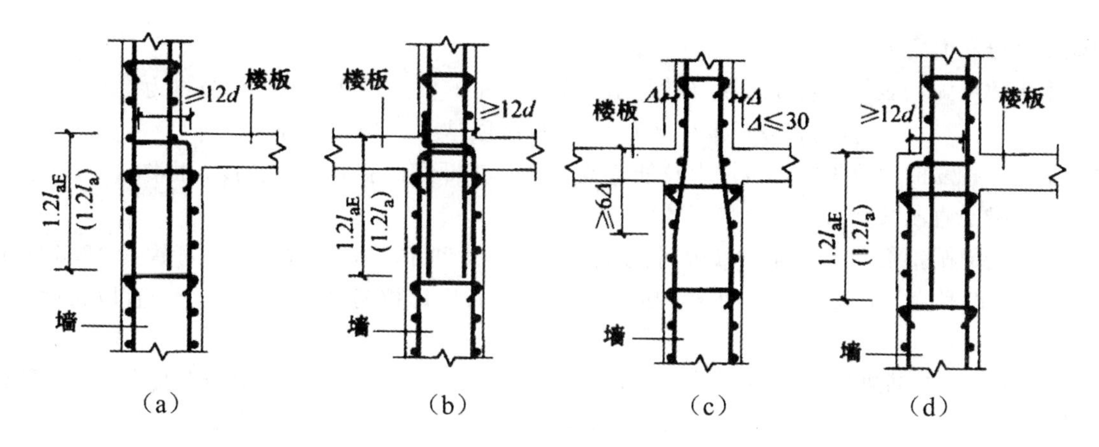

图 4-12　剪力墙变截面竖向钢筋构造

（a）边梁非贯通连接；（b）中梁非贯通连接；（c）中梁贯通连接；（d）边梁非贯通连接

4）单侧变截面（外侧错台）。变截面的一侧下层墙竖向筋伸至楼板顶部弯直钩，弯折长度≥12d，上层竖向钢筋直锚长度为 1.2l_{aE}（1.2l_a），如图 4-12（d）所示。

◆剪力墙身拉筋长度计算

剪力墙身拉筋就是要同时钩住水平分布筋和垂直分布筋。剪力墙的保护层是对剪力墙身水平分布筋而言的。这样，剪力墙厚度减去保护层厚度就得到了水平分布筋的外侧尺寸，而拉筋

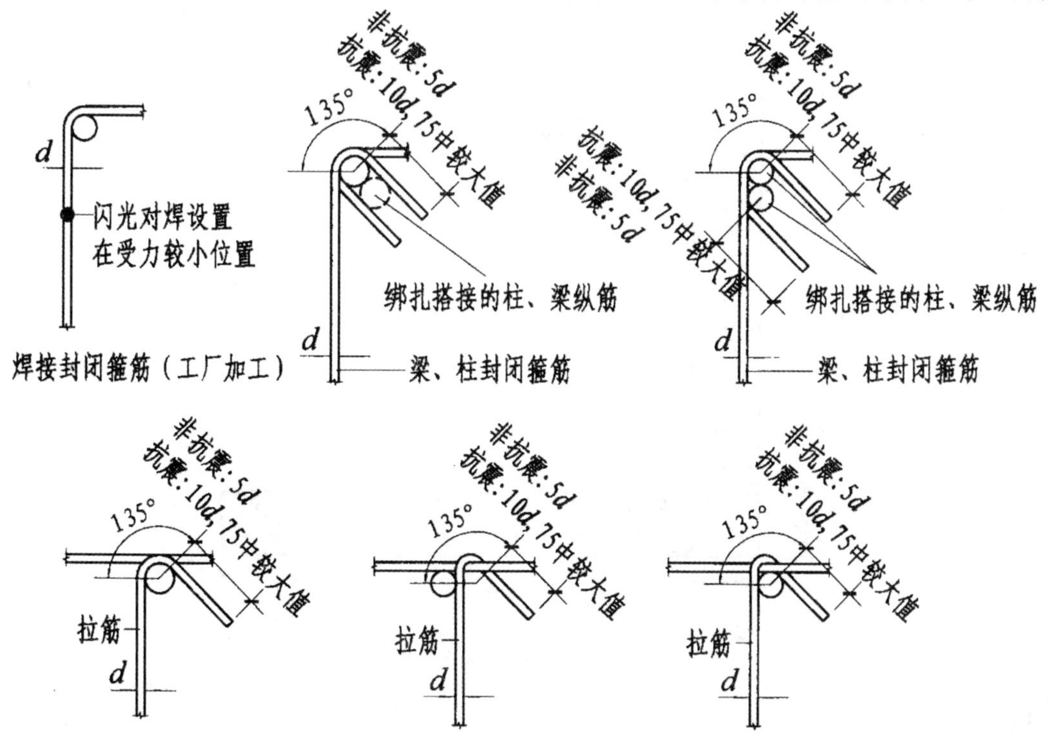

图 4-13　封闭箍筋及拉筋弯钩构造

注　非抗震设计时，当构件受扭或柱中全部纵向受力钢筋的配筋率大于 3%，箍筋及拉筋弯钩平直段长度应为 10d。

钩在水平分布筋之外。

由上述可知，拉筋的直段长度（就是工程钢筋表中的标注长度）的计算公式为：

拉筋直段长度＝墙厚－2×保护层厚度＋2×拉筋直径

知道了拉筋的直段长度，再加上拉筋弯钩长度，就得到拉筋的每根长度。由图 4－13 可知，拉筋弯钩的平直段长度为 $10d$。

现以光面圆钢筋为例，它的 180°小弯钩长度：一个弯钩为 $6.25d$，两个弯钩为 $12.5d$；而 180°小弯钩的平直段长度为 $3d$，小弯钩的一个平直段长度比拉筋少 $7d$，则两个平直段长度比拉筋少 $14d$。

由此可知，拉筋两个弯钩的长度为 $12.5d+14d=26.5d$，考虑到角度差异，可取其为 $26d$。所以

拉筋每根长度＝墙厚－2×保护层厚度－2×拉筋直径＋$26d$

剪力墙其他构件的“拉筋”也可依照上述计算公式进行计算。

【实　　例】

【例 4－1】　Q1 平法施工图及其墙身内侧钢筋图示，如图 4－14 所示。其中，混凝土强度等级为 C30，抗震等级为一级，试求①号筋及②号筋长度。

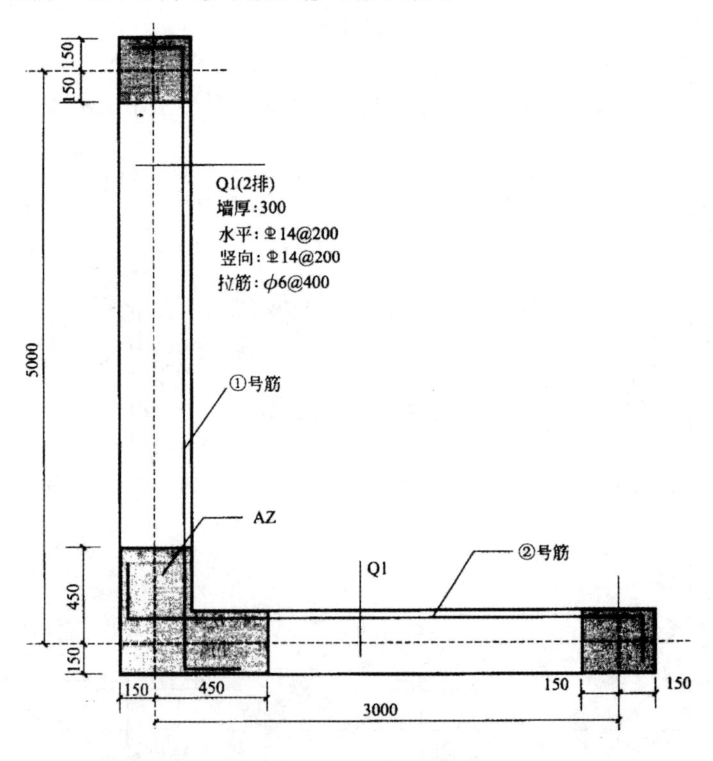

图 4－14　Q1 平法施工图

【解】

由混凝土强度等级 C30 和一级抗震，查表 1－1 得：墙钢筋混凝土保护层厚度 $c_{梁}=15$mm。

①号筋长度＝墙长－保护层厚度＋弯折 $15d$

＝5000＋2×150－2×15＋2×15×14

＝5690mm

②号筋长度＝墙长－保护层厚度＋弯折 15d

＝3000＋2×150－2×15＋2×15×14

＝3690mm

【例 4－2】 Q2 平法施工图及其墙身内侧钢筋图示，如图 4－15 所示。其中，混凝土强度等级为 C30，抗震等级为一级，试求①号筋及②号筋长度。

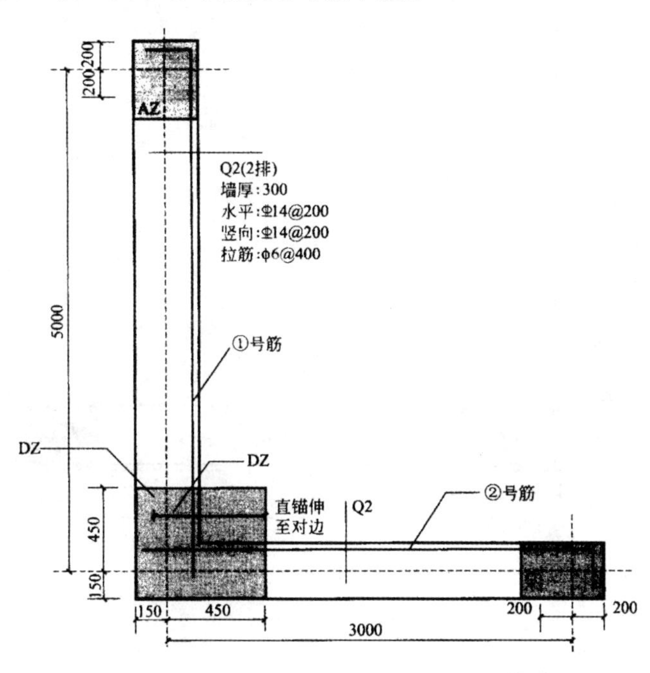

图 4－15 Q2 平法配筋图

【解】

由混凝土强度等级 C30 和一级抗震，查表 1－1 得：墙钢筋混凝土保护层厚度 $c_{梁}$＝15mm。

①号筋长度＝墙长－保护层厚度＋暗柱端弯锚长度＋端柱直锚长度

＝5000－450＋200－15＋15×14＋(600－20)

＝5525mm

（满足直锚条件时也要伸至支座对边）

②号筋长度＝墙长－保护层厚度＋暗柱端弯锚长度＋端柱直锚长度

＝3000－450＋200－15＋15×14＋(600－20)

＝3525mm

【例 4－3】 Q3 平法施工图及其墙身外侧钢筋图示，如图 4－16 所示。其中，混凝土强度等级为 C30，抗震等级为一级，试求①号筋长度。

【解】

由混凝土强度等级 C30 和一级抗震，查表 1－1 得：墙钢筋混凝土保护层厚度 $c_{梁}$＝15mm。

①号筋长度＝墙长－保护层厚度＋弯折 15d

＝(5000＋2×150－2×15)＋(3000＋2×150－2×15)＋(2×15×14)

＝8960mm

【例 4－4】 Q4 平法施工图及其墙身外侧钢筋图示，如图 4－17 所示。其中，混凝土强度等

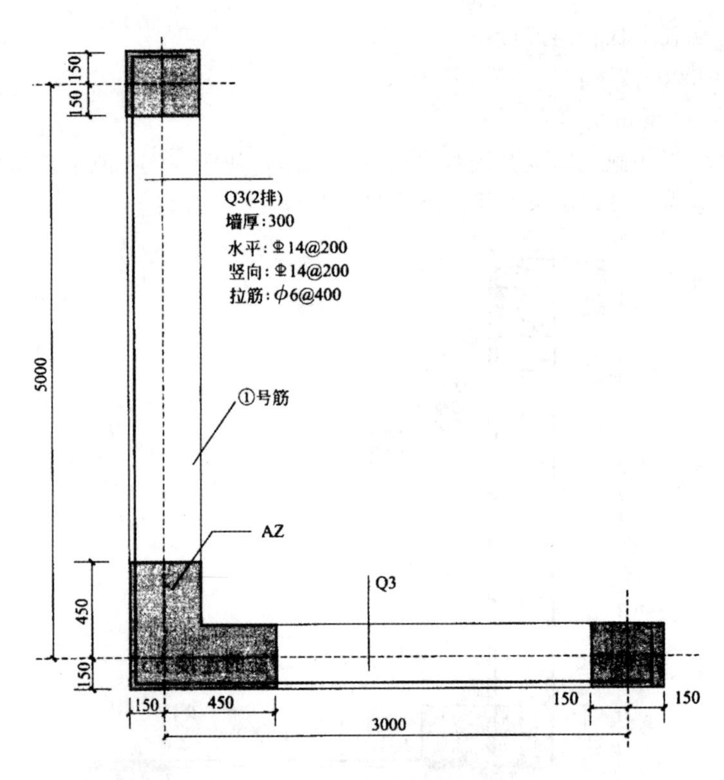

图 4－16　Q3 平法施工图

级为 C30，抗震等级为一级，试求①号筋及②号筋长度。

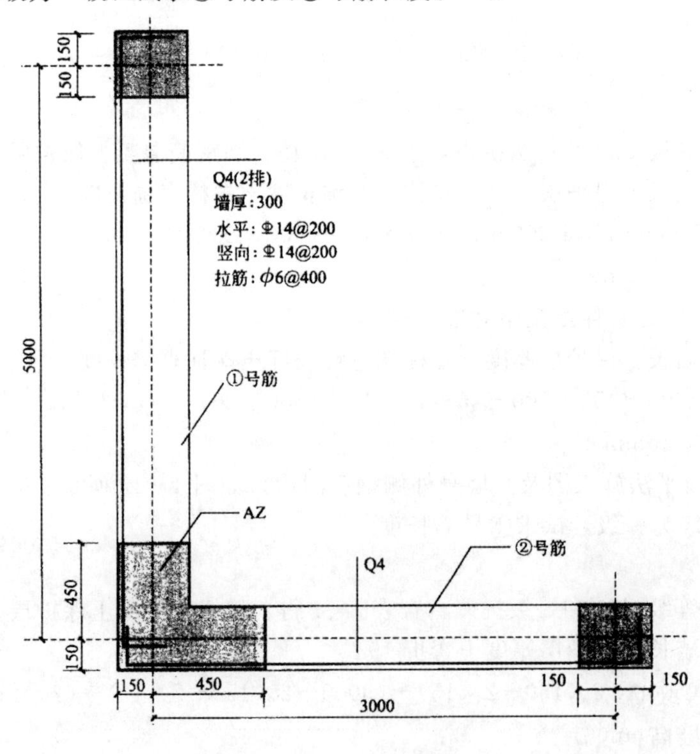

图 4－17　Q4 配筋图

【解】

由混凝土强度等级 C30 和一级抗震，查表 1－1 得：墙钢筋混凝土保护层厚度 $c_{梁}=15\text{mm}$。

①号筋长度＝墙长－保护层厚度＋弯折 $15d$

$=(5000+2\times150-2\times15)+15\times14$

$=5480\text{mm}$

②号筋长度＝墙长－保护层厚度＋弯折 $15d$

$=(3000+2\times150-2\times15)+15\times14$

$=3480\text{mm}$

【例 4－5】 Q5 竖向钢筋计算图示，如图 4－18 所示。其中，混凝土强度等级为 C30，抗震等级为一级，试求①号筋、②号筋、③号筋和④号筋的长度。

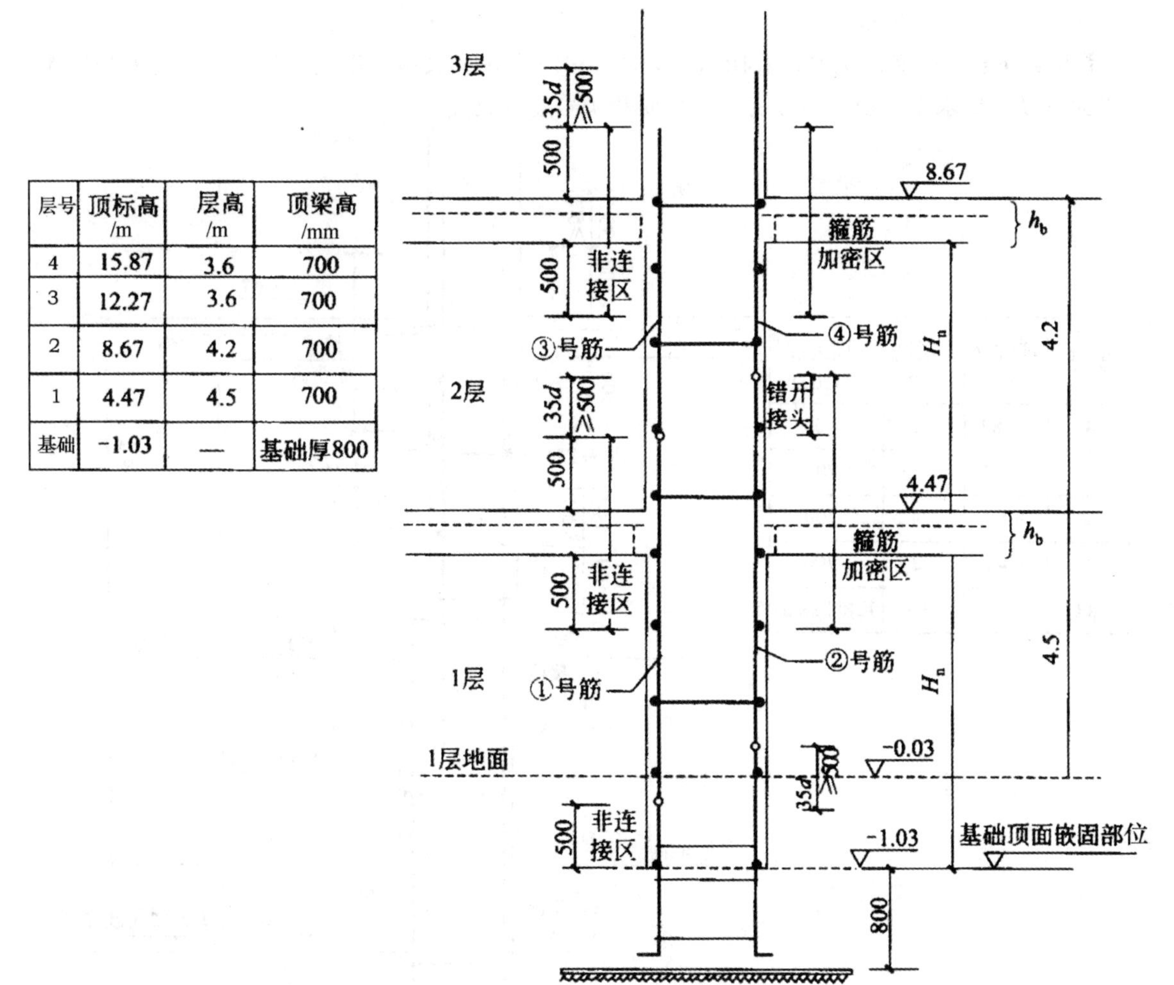

层号	顶标高/m	层高/m	顶梁高/mm
4	15.87	3.6	700
3	12.27	3.6	700
2	8.67	4.2	700
1	4.47	4.5	700
基础	-1.03	—	基础厚800

图 4－18　Q5 竖向钢筋计算图

【解】

由混凝土强度等级 C30 和一级抗震，查表 1－1 得：基础钢筋保护层厚度 $c_{基础}=40\text{mm}$。

①号筋长度＝层高－基础顶面非连接区高度＋伸入上层非连接区高度(首层从基础顶面算起)

$=(4500+1000)-500+500$

$=5500\text{mm}$

②号筋长度＝层高－基础顶面非连接区高度＋伸入上层非连接区高度(首层从基础顶面算起)

$=(4500+1000)-(500+35d)+(500+35d)$

$=5500\text{mm}$

③号筋长度＝层高－本层非连接区高度＋伸入上层非连接区高度

$=4200-500+500$

$=4200\text{mm}$

④号筋长度＝层高－本层非连接区高度＋伸入上层非连接区高度

$=4200-(500+35d)+(500+35d)$

$=4200\text{mm}$

【例 4－6】 Q6 竖向钢筋计算图示，如图 4－19 所示。其中，混凝土强度等级为 C30，抗震等级为一级，试求①号筋、②号筋、③号筋和④号筋的长度。

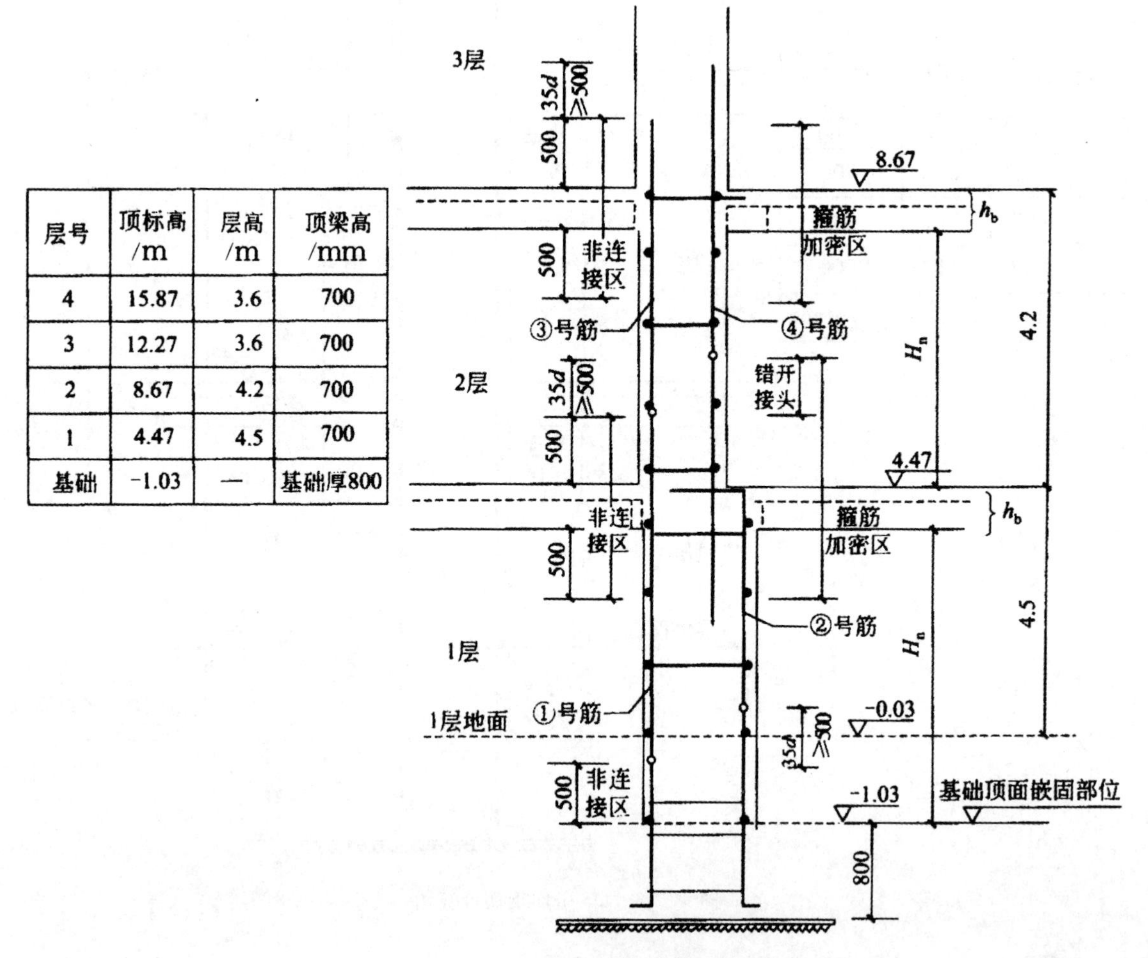

层号	顶标高/m	层高/m	顶梁高/mm
4	15.87	3.6	700
3	12.27	3.6	700
2	8.67	4.2	700
1	4.47	4.5	700
基础	-1.03	—	基础厚800

图 4－19　Q6 竖向钢筋计算图

【解】

由混凝土强度等级 C30 和一级抗震，查表 1－1 得：基础钢筋保护层厚度 $c_{基础}=40\text{mm}$。

①号筋（同无变截面）长度＝层高－基础顶面非连接区高度＋伸入上层非连接区高度

＝(4500＋1000)－500＋500

＝5500mm

②号筋（下部与①号筋错开）长度＝层高－基础顶面非连接区高度－错开接头长度＋下层墙身钢筋伸至弯截面处向内弯折 $12d$

基础顶面非连接区高度＝500mm

错井接头＝max(35×16,500)

＝35×16

＝560mm

总长＝(4500＋1000)－(500＋560)＋12×16

＝4632mm

③号筋（同无变截面）长度＝层高－本层非连接区高度＋伸入上层非连接区高度

＝4200－500＋500

＝4200mm

④号筋（伸入 3 层与③号筋错开）长度＝层高－插入下层高度＋伸入上层非连接区高度＋错开接头

插入下层的高度＝$1.2l_{aE}$

＝1.2×34×16

≈653mm

伸入 2 层的非连接区高度＝500mm

错开接头＝max(35×16,500)

＝35×16

＝560mm

总长＝4200＋653＋500＋560

＝5913mm

【例 4－7】 Q7 竖向钢筋计算图示，如图 4－20 所示。其中，混凝土强度等级为 C30，抗震等级为一级，试求①号筋和②号筋的长度。

【解】

由混凝土强度等级 C30 和一级抗震，查表 1－1 得：基础钢筋保护层厚度 $c_{基础}$＝40mm。

①号筋低位长度＝本层层高－本层非连接区高度－板厚＋锚固长度

本层非连接区高度＝500mm

总长＝3600－500－150＋max(150－15＋$12d$，l_{aE})

＝3494mm

②号筋高位长度＝本层层高－本层非连接区高度－错开接头－板厚＋锚固长度

错开接头＝max（35×16，500）

＝35×16

＝560mm

总长＝3600－500－560－150＋max(150－15＋$12d$，l_{aE})

＝2934mm

层号	顶标高/m	层高/m	顶梁高/mm
4	15.87	3.6	700
3	12.27	3.6	700
2	8.67	4.2	700
1	4.47	4.5	700
基础	－0.97	—	基础厚 800

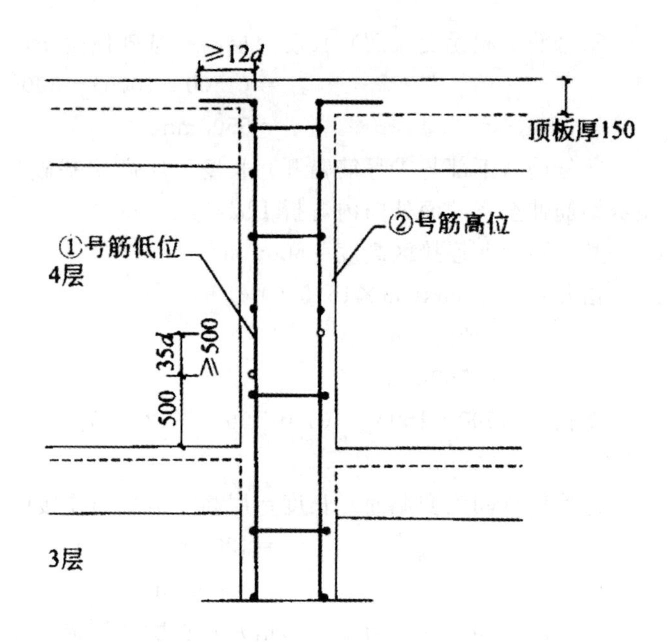

图 4－20 Q7 竖向钢筋计算图

4.2 剪力墙柱钢筋计算

常遇问题

1. 剪力墙约束边缘构件构造是怎样的?
2. 剪力墙水平钢筋计入约束边缘构件体积配箍率的构造是如何规定的?
3. 剪力墙构造边缘构件构造是怎样的?
4. 剪力墙边缘构件纵向钢筋连接构造有哪几种形式?

【计算方法】

◆剪力墙约束边缘构件

剪力墙约束边缘构件（以 Y 字开头），包括约束边缘暗柱、约束边缘端柱、约束边缘翼墙和约束边缘转角墙四种，如图 4－21 所示。

1）图 4－21（a）：约束边缘暗柱的长度≥400mm。

2）图 4－21（b）：约束边缘端柱包括矩形柱和伸出的一段翼缘两个部分，在矩形柱范围内，布置纵筋和箍筋，翼缘长度为 300mm。

3）图 4－21（c）：约束边缘翼墙。

4）图 4－21（d）：约束边缘转角墙每边长度＝邻边墙厚＋墙厚≥300mm。

每个构件均有两种构造，在这里做简要说明，构造图中左图均在非阴影区设置拉筋，右图均在非阴影区外圈设置封闭箍筋。

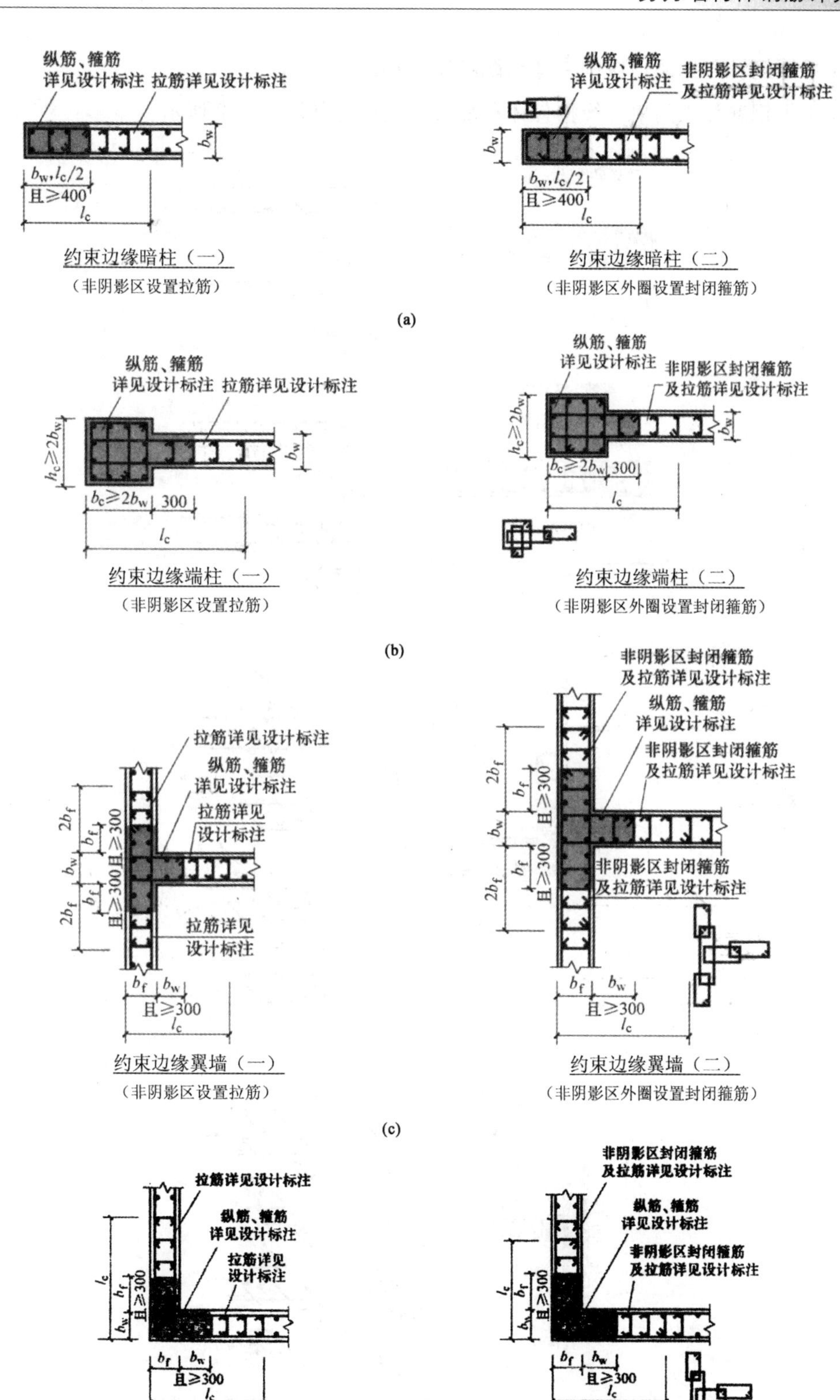

图 4－21 剪力墙约束边缘构件构造

◆**剪力墙水平钢筋计入约束边缘构件体积配箍率的构造**

剪力墙水平钢筋计入约束边缘构件体积配箍率的构造如图 4-22 所示。

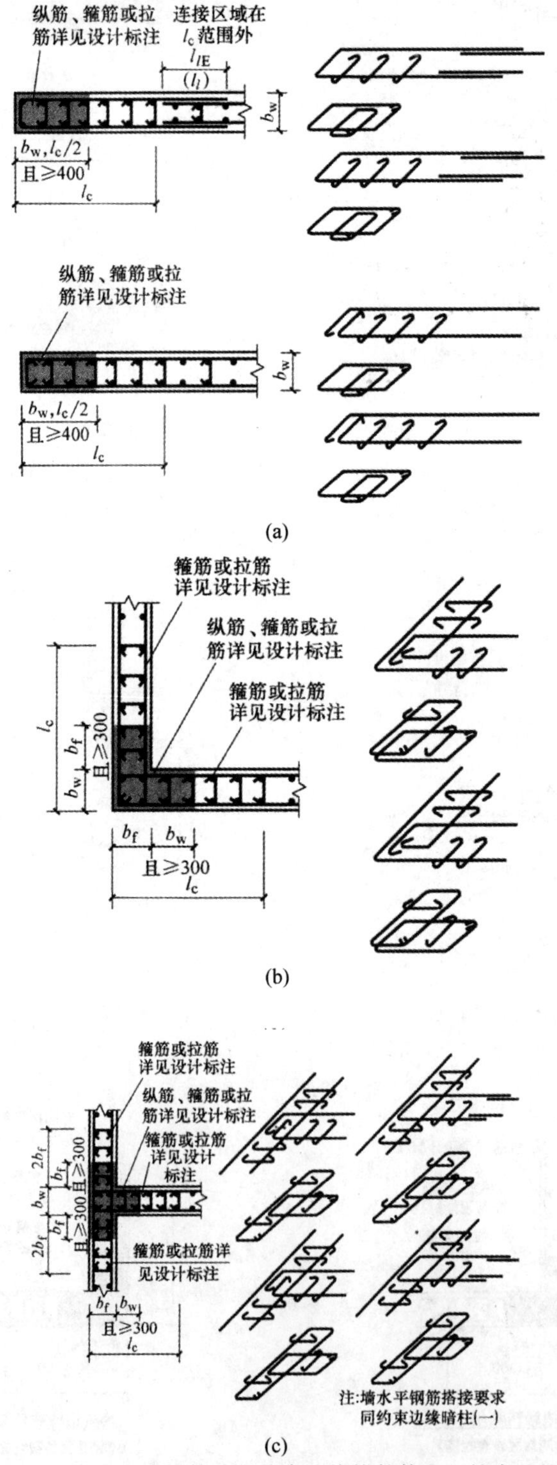

图 4-22 剪力墙水平钢筋计入约束边缘构件体积配箍率的构造

(a) 约束边缘暗柱；(b) 约束边缘转角墙；(c) 约束边缘翼墙

约束边缘阴影区的构造特点为：水平分布筋和暗柱箍筋“分层间隔”布置，及一层水平分布筋、一层箍筋，再一层水平分布筋、一层箍筋……依次类推。计入的墙水平分布钢筋的体积配箍率不应大于总体积配箍率的30%。

约束边缘非阴影区构造做法同上。

◆剪力墙构造边缘构件

剪力墙构造边缘构件（以G字开头）包括构造边缘暗柱、构造边缘端柱、构造边缘翼墙和构造边缘转角墙四种，如图4-23所示。

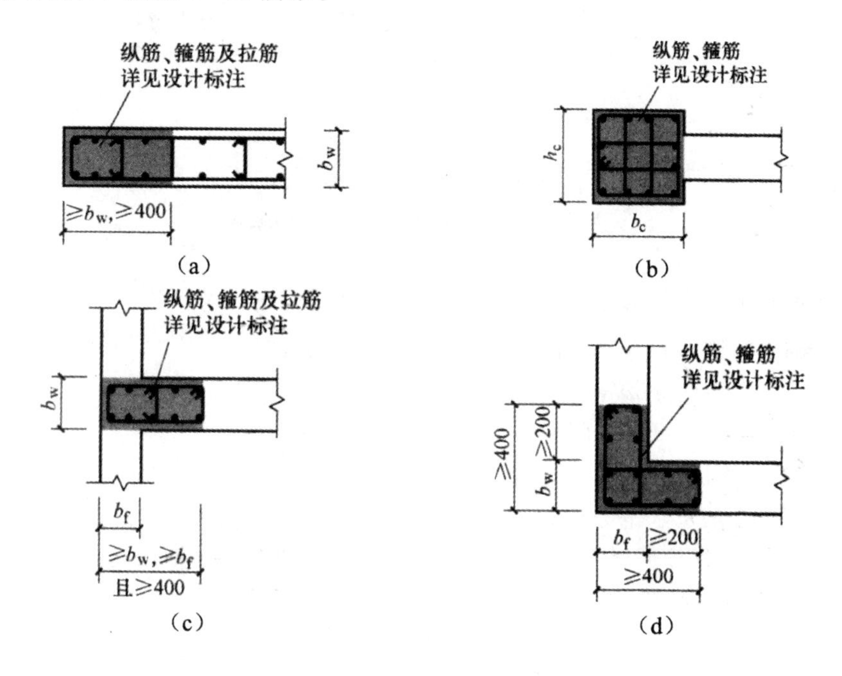

图4-23 剪力墙构造边缘构件

(a) 构造边缘暗柱；(b) 构造边缘端柱；(c) 构造边缘翼墙；(d) 构造边缘转角墙

1）图4-23（a）：构造边缘暗柱的长度≥墙厚且≥400mm。

2）图4-23（b）：构造边缘端柱仅在矩形柱范围内布置纵筋和箍筋，其箍筋布置为复合箍筋。需要注意的是图中端柱断面，图中未规定端柱伸出的翼缘长度，也没有在伸出的翼缘上布置箍筋，但不能因此断定构造边缘端柱就一定没有翼缘。

3）图4-23（c）：构造边缘翼墙的长度≥墙厚，≥邻边墙厚且≥400mm。

4）图4-23（d）：构造边缘转角墙每边长度＝邻边墙厚＋200mm≥400mm。

◆剪力墙边缘构件纵向钢筋连接构造

剪力墙边缘构件纵向钢筋连接可分为绑扎搭接、机械连接和焊接连接三种形式，如图4-24所示。

当采用绑扎搭接时，第一个连接点距楼板顶面或基础顶面≥500mm，相邻钢筋交错搭接，搭接长度≥l_{lE}（l_l），错开距离≥$0.3l_{lE}$（$0.3l_l$）；当采用机械连接时，第一个连接点距楼板顶面或基础顶面≥500mm，相邻钢筋交错连接，错开距离≥35d；当采用焊接连接时，第一个连接点距楼板顶面或基础顶面≥500mm，相邻钢筋交错连接，错开距离≥max（35d，500）。

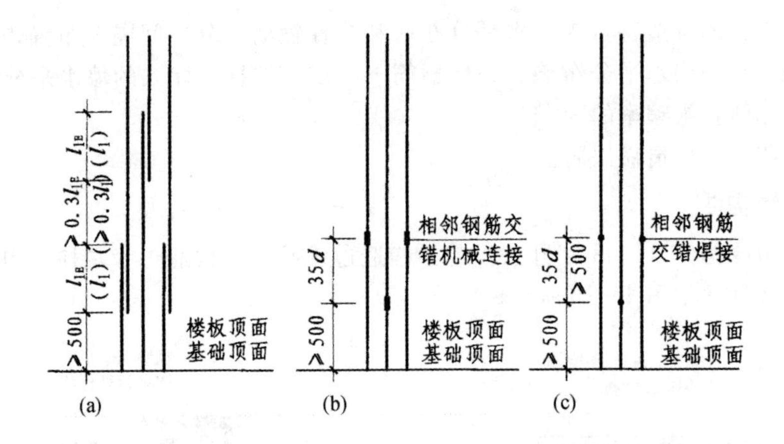

图 4-24　剪力墙边缘构件纵向钢筋连接构造

(a) 绑扎搭接；(b) 机械连接；(c) 焊接连接

◆剪力墙插筋在基础中的锚固构造

墙插筋在基础中的锚固共有三种构造，如图 4-25 所示。

(1) 墙插筋保护层厚度＞5d

墙两侧插筋构造见"1-1"剖面，可分为下列两种情况：

1) $h_j > l_{aE}$ (l_a)：墙插筋插至基础板底部支在底板钢筋网上，弯折 6d；墙插筋在柱内设置间距≤500mm，且不小于两道水平分布筋与拉筋。

2) $h_j \leq l_{aE}$ (l_a)：墙插筋插至基础板底部支在底板钢筋网上，且锚固垂直段≥0.6l_{abE} (l_{ab})，弯折 15d；墙插筋在柱内设置间距≤500mm，且不小于两道水平分布筋与拉筋。

(2) 墙插筋保护层厚度≤5d

墙内侧插筋构造如图 4-25 (a) 所示"1-1"剖面，情况同上，在此不再赘述。

墙外侧插筋构造见"2-2"剖面，可分为下列两种情况：

1) $h_j > l_{aE}$ (l_a)：墙插筋插至基础板底部支在底板钢筋网上，弯折 15d；墙插筋在柱内设置锚固横向钢筋，锚固区横向钢筋应满足"直径≥d/4 (d 为插筋最大直径)，间距≤10d (d 为插筋最小直径) 且≤100mm"的要求。

2) $h_j \leq l_{aE}$ (l_a)：墙插筋插至基础板底部支在底板钢筋网上，且锚固垂直段≥0.6l_{abE} (l_{ab})，弯折 15d；墙插筋在柱内设置锚固横向钢筋，锚固区横向钢筋要求同上。

(3) 墙外侧纵筋与底板纵筋搭接

基础底板下部钢筋弯折段应伸至基础顶面标高处，墙外侧纵筋插至板底后弯锚、与底板下部纵筋搭接"l_{lE} (l_l)"，且弯钩水平段≥15d；墙插筋在基础内设置间距≤500mm，且不少于两道水平分布筋与拉筋。

墙内侧纵筋的插筋构造同上。

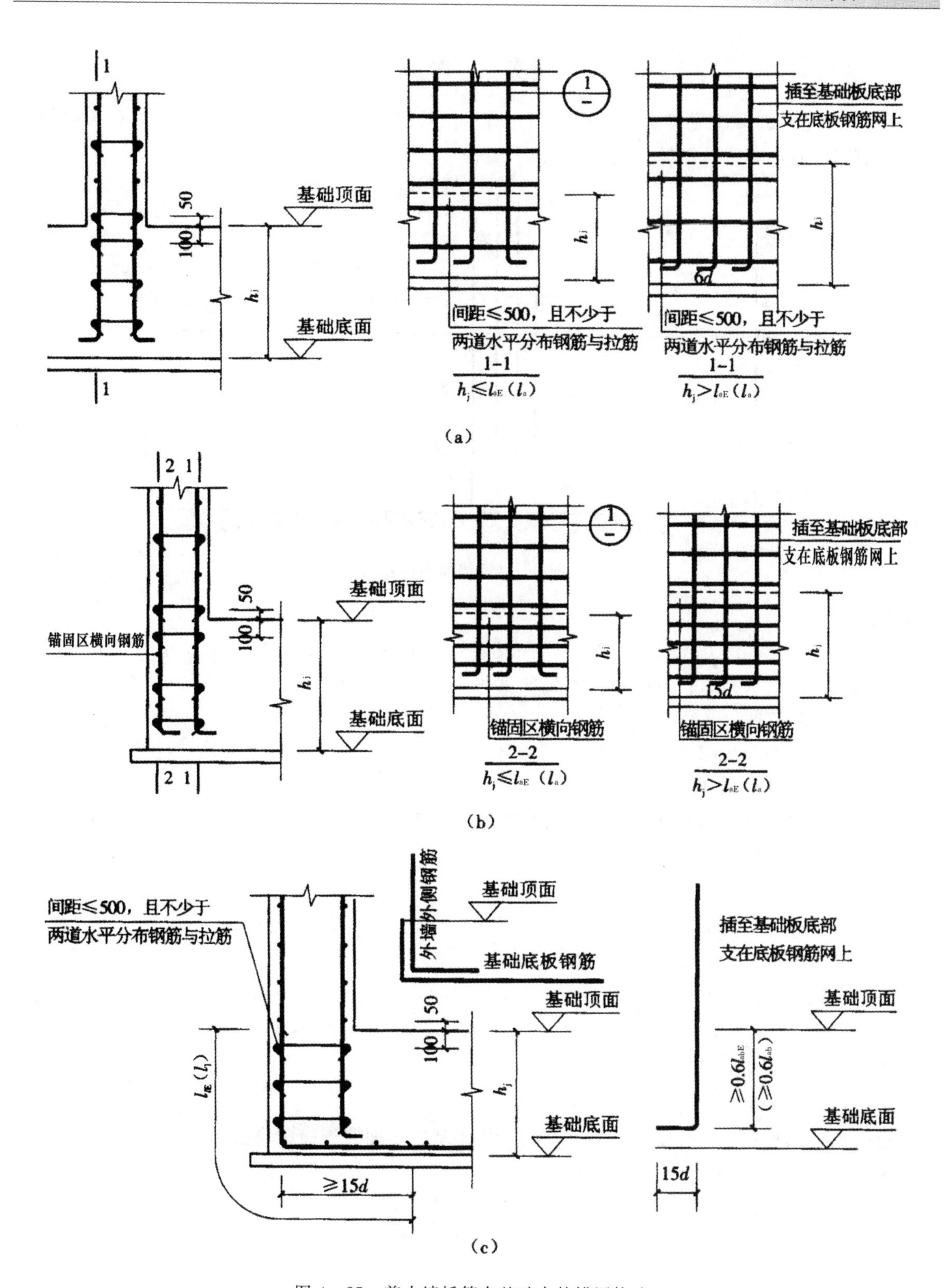

图 4-25 剪力墙插筋在基础中的锚固构造

(a) 墙插筋保护层厚度＞5d；(b) 墙外侧插筋保护层厚度≤5d；(c) 墙外侧纵筋与底板纵筋搭接

【实　　例】

【例 4-8】 Q9 墙插筋计算图如图 4-26 所示。其中，混凝土强度等级为 C30，抗震等级为一级，试求①号筋和②号筋的长度。

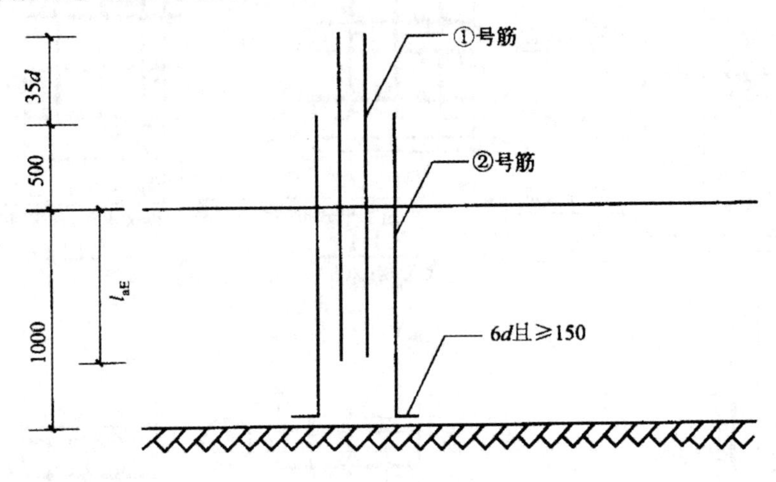

图 4-26　Q9 墙插筋计算图

【解】

由混凝土强度等级 C30 和一级抗震，查表 1-1 得：基础钢筋保护层厚度 $c_{基础}$ =40mm。

基础内锚固方式判断：容许竖向直锚深度=1000－40=960mm＞l_{aE}=34×14=476mm，因此，部分钢筋可直锚。

阳角钢筋：插至基础底部并弯折。

除阳角外的其他钢筋：直锚。

①号筋（非阳角钢筋长度）=基础内长度＋伸出基础顶面非连接区高度＋错开接头长度

基础内长度=l_{aE}

=34×14

=476mm

伸出基础高度=500＋35d

=500＋35×14

=990mm

总长=476＋990

=1466mm

②号筋（阳角钢筋）长度=基础内长度＋伸出基础顶面非连接区高度

基础内长度=1000－40＋max(6d,150)

=1000－40＋max(6×14,150)

=1110mm

伸出基础高度=500mm

总长度=1110＋500

$=1610\text{mm}$

【例 4-9】 Q10 墙插筋计算图如图 4-27 所示。其中，混凝土强度等级为 C30，抗震等级为一级，试求①号筋和②号筋的长度。

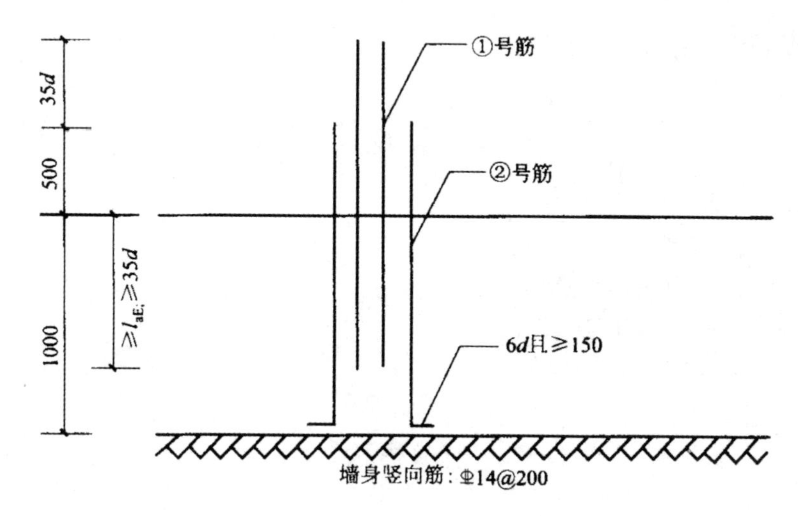

图 4-27　Q10 墙插筋计算图

【解】

由混凝土强度等级 C30 和一级抗震，查表 1-1 得：基础钢筋保护层厚度 $c_{基础}=40\text{mm}$。

基础内锚固方式判断：容许竖向直锚深度 $=1000-40=960\text{mm}>l_{aE}=34\times14=476\text{mm}$，因此，部分钢筋可直锚。

阳角钢筋：插至基础底部并弯折。

除阳角外的其他钢筋：直锚。

①号筋（非阳角钢筋）长度＝基础内长度＋伸出基础顶面非连接区高度

基础内长度 $=\max(l_{aE},35d)$

$=35\times14$

$=490\text{mm}$

伸出基础高度 $=500+35d$

$=500+35\times14$

$=990\text{mm}$

总长 $=490+990$

$=1480\text{mm}$

②号筋（阳角钢筋）长度＝基础内长度＋伸出基础顶面非连接区高度

基础内长度 $=1000-40+\max(6d,150)$

$=1000-40+\max(6\times14,150)$

$=1110\text{mm}$

伸出基础高度 $=500\text{mm}$

总长度＝1110＋500

＝1610mm

4.3 剪力墙梁钢筋计算

常遇问题

1. 剪力墙连梁配筋构造包括哪些内容？
2. 剪力墙连梁交叉斜筋构造如何计算？
3. 剪力墙暗梁 AL 箍筋如何计算？
4. 剪力墙洞口补强构造有哪几种情况？

【计算方法】

◆剪力墙连梁配筋构造

剪力墙连梁配筋构造如图 4－28 所示，钢筋排布构造如图 4－29 所示。

连梁以暗柱或端柱为支座，连梁主筋锚固起点应从暗柱或端柱的边缘算起。

（1）连梁纵筋锚入暗柱或端柱的锚固方式和锚固长度

1）洞口连梁（端部墙肢较短）：当端部洞口连梁的纵向钢筋在端支座（暗柱或端柱）的直锚长度≥l_{aE}（l_a）时，可不必向上（下）弯锚，连梁纵筋在中间支座的直锚长度为 l_{aE}（l_a）且≥600mm；当暗柱或端柱的长度小于钢筋的锚固长度时，连梁纵筋伸至暗柱或端柱外侧纵筋的内侧弯钩为 15d。

2）单洞口连梁（单跨）：连梁纵筋在洞口两端支座的直锚长度为 l_{aE}（l_a），且≥600mm。

3）双洞口连梁（双跨）：连梁纵筋在双洞口两端支座的直锚长度为 l_{aE}（l_a），且≥600mm，洞口之间连梁通长设置。

（2）连梁箍筋的设置

1）楼层连梁的箍筋仅在洞口范围内布置。第一个箍筋在距支座边缘 50mm 处设置。

2）墙顶连梁的箍筋在全梁范围内布置。洞口范围内的第一个箍筋在距支座边缘 50mm 处设置；支座范围内的第一个箍筋在距支座边缘 100mm 处设置。

3）箍筋计算

连梁箍筋高度＝梁高－2×保护层厚度－2×箍筋直径

连梁箍筋宽度＝梁宽－2×保护层厚度－2×水平分布筋直径－2×箍筋直径

（3）连梁的拉筋

当梁宽≤350mm 时，拉筋直径取 6mm，梁宽＞350mm 时，拉筋直径取 8mm，拉筋间距为 2 倍的箍筋间距，竖向沿侧面水平筋隔一拉一，如图 4－30 所示。

◆剪力墙连梁交叉斜筋构造计算

当洞口连梁截面宽度≥250mm 时，连梁中应根据具体条件设置斜向交叉斜筋配筋，如图 4－

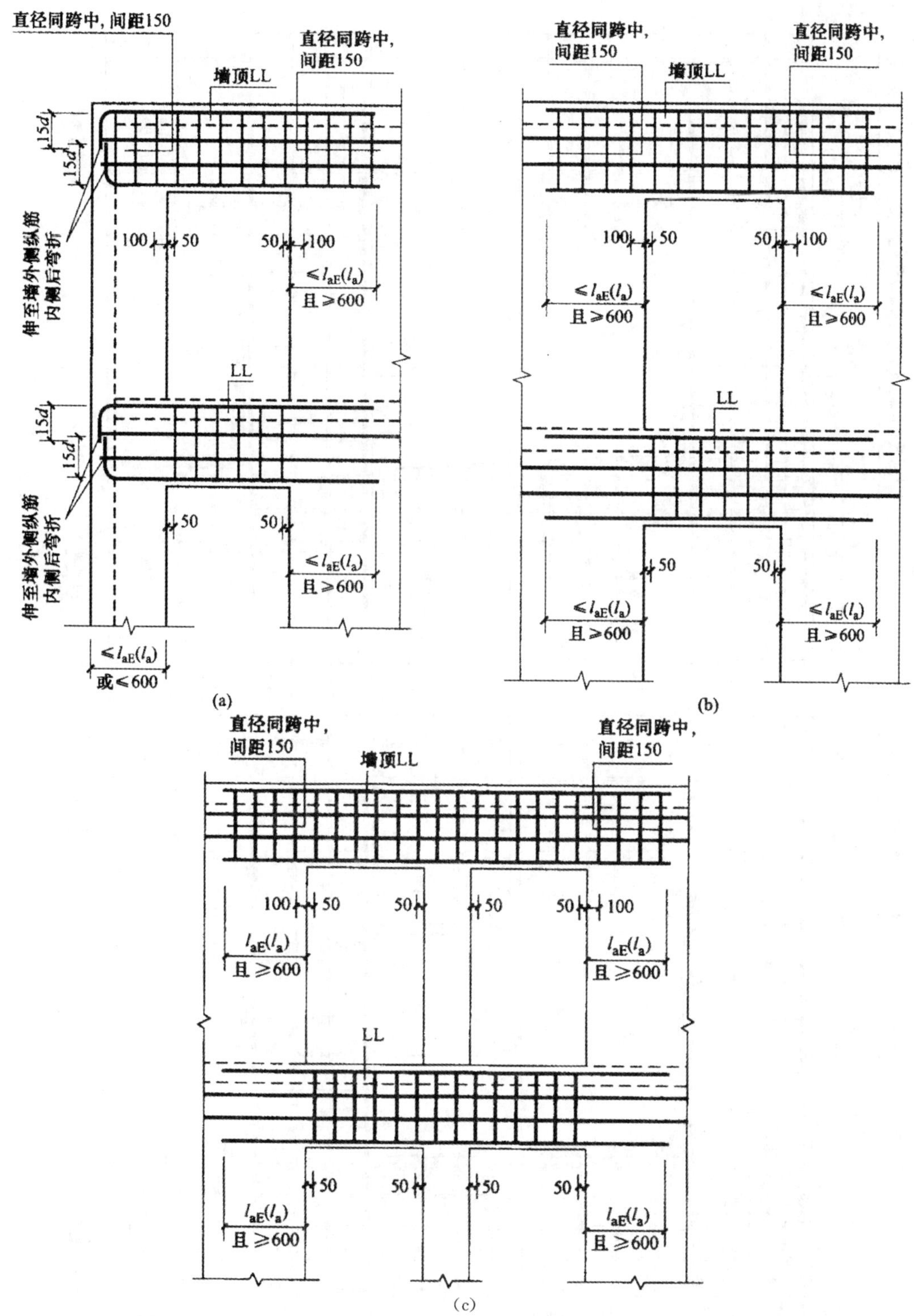

图 4－28 连梁配筋构造

(a) 洞口连梁（端部墙肢较短）；(b) 单洞口连梁（单跨）；(c) 双洞口连梁（双跨）

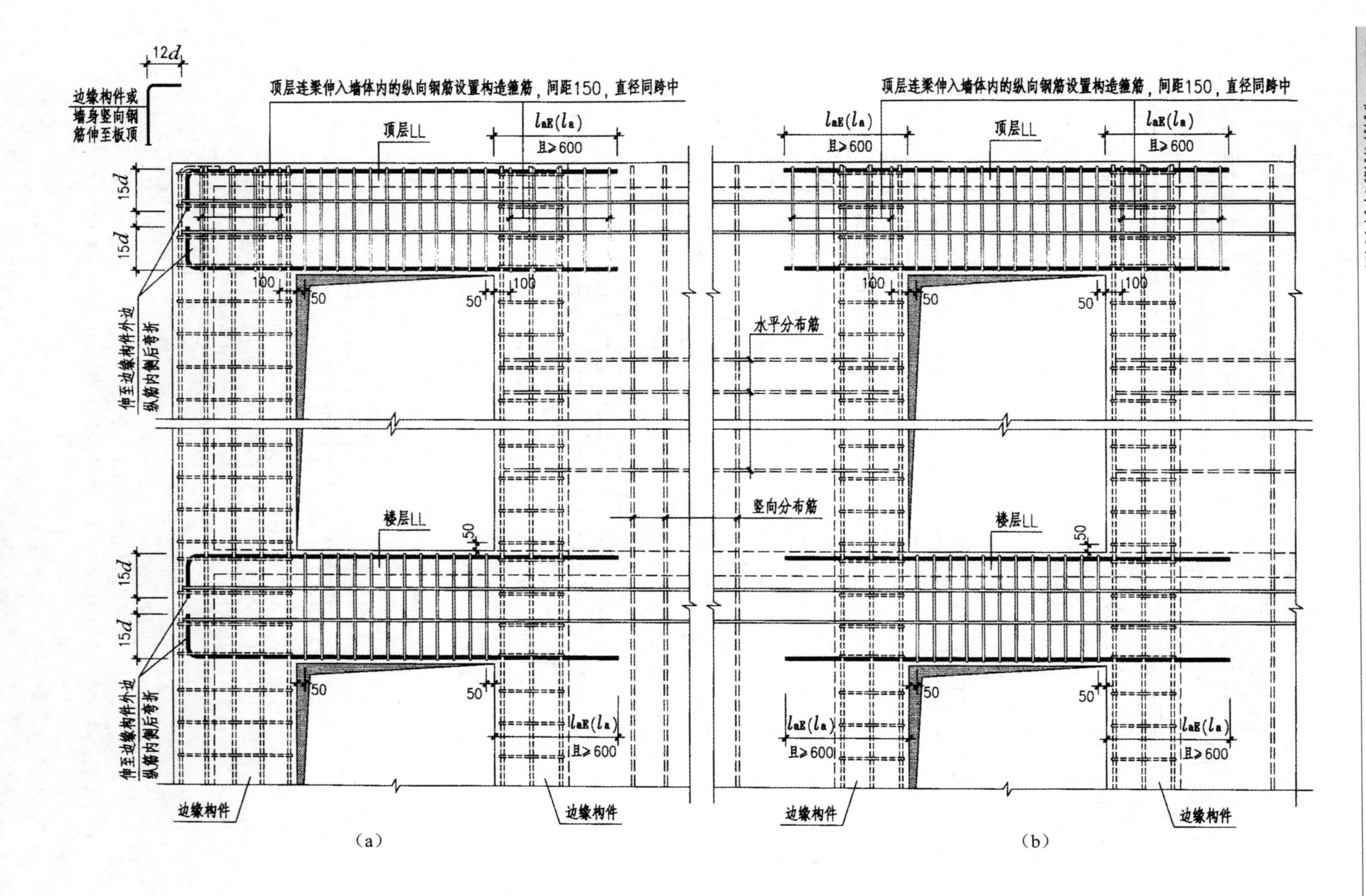

12d
边缘构件或
墙身竖向钢
筋伸至板顶
顶层连梁伸入墙体内的纵向钢筋设置构造箍筋，间距150，直径同跨中
顶层LL
$l_{aE}(l_a)$
且≥600
15d
100
50
伸至边缘构件外边
纵筋内侧后弯折
水平分布筋
竖向分布筋
楼层LL
边缘构件

(a)

(b)

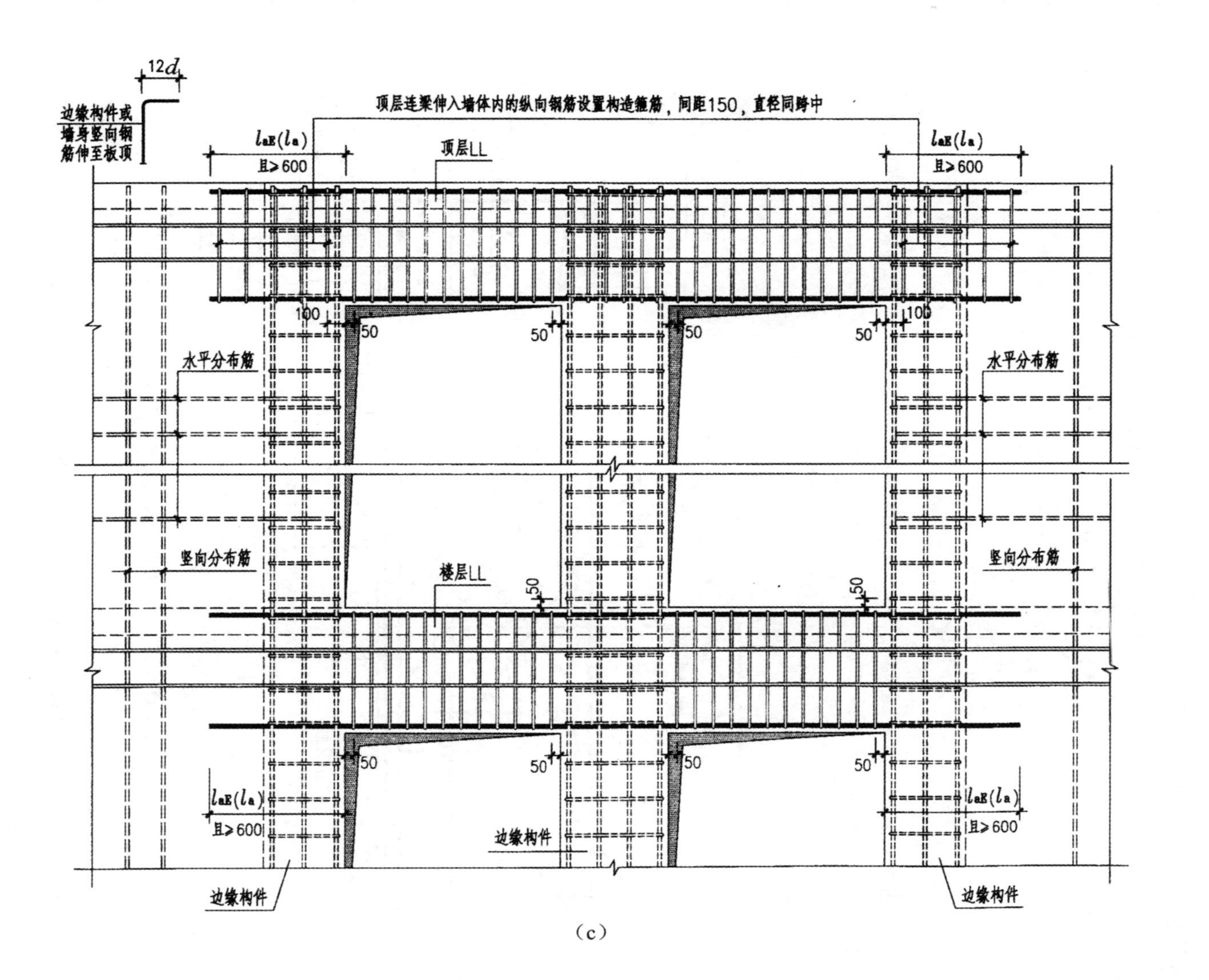

（c）

图 4－29 剪力墙连梁钢筋排布构造

（a）墙端部洞口连梁；（b）单洞口连梁（单跨）；（c）双洞口连梁（双跨）

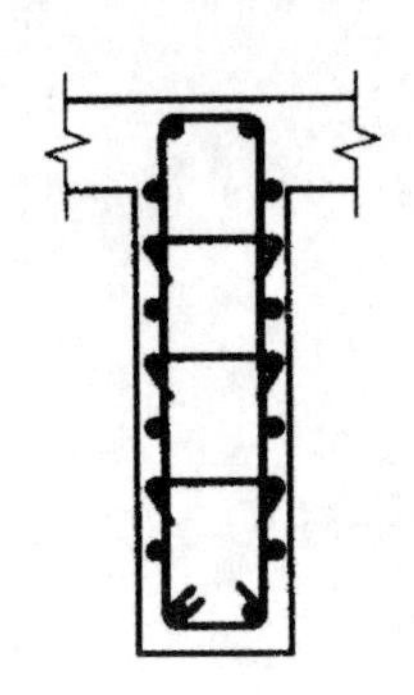

图 4-30 连梁侧面纵筋和拉筋构造

31 所示，钢筋排布构造如图 4-32 所示。斜向交叉钢筋锚入连梁支座内的锚固长度应≥max [l_{aE} (l_a)，600mm]；交叉斜筋配筋连梁的对角斜筋在梁端部应设置拉筋，具体值见设计标注。

连梁配筋计算公式如下：

(1) 连梁斜向交叉钢筋

$$长度=\sqrt{h^2+l_0^2}+2\times\max(l_{aE},600)$$

(其中，h 为连梁的梁高，l_0 为连梁的跨度)

(2) 折线筋

$$长度=l_0/2+\sqrt{h^2+l_0^2}/2+2\times\max(l_{aE},600)$$

注 交叉斜筋配筋连梁的水平钢筋及箍筋形成的钢筋网之间应采用拉筋拉结，拉筋直径不宜小于 6mm，间距不宜大于 400mm。

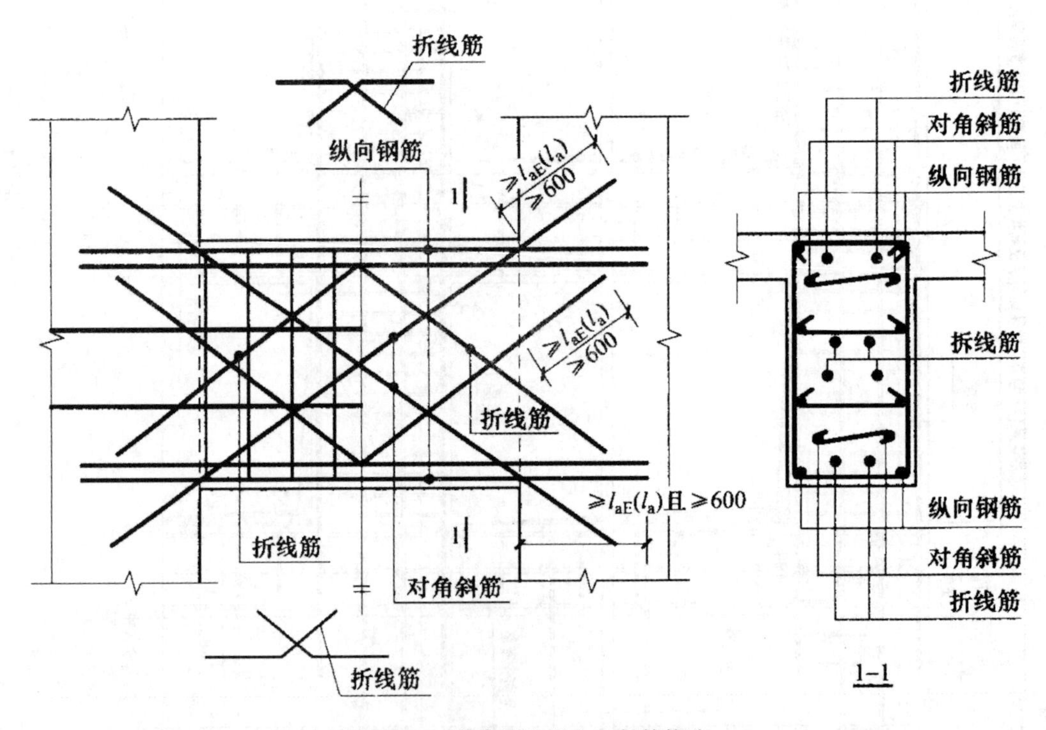

图 4-31 剪力墙连梁交叉斜筋构造

◆剪力墙洞口补强构造

剪力墙洞口钢筋种类包括补强钢筋或补强暗梁纵向钢筋、箍筋、拉筋。

(1) 补强钢筋构造

连梁中部圆形洞口补强钢筋构造如图 4-33 所示。

连梁圆形洞口直径不能大于 300mm，且不能大于连梁高度的 1/3，再且，连梁圆形洞口必须开在连梁的中部位置，洞口到连梁上下边缘的净距离不能小于 200mm 和不能小于 1/3 的梁高。

(2) 补强纵筋构造

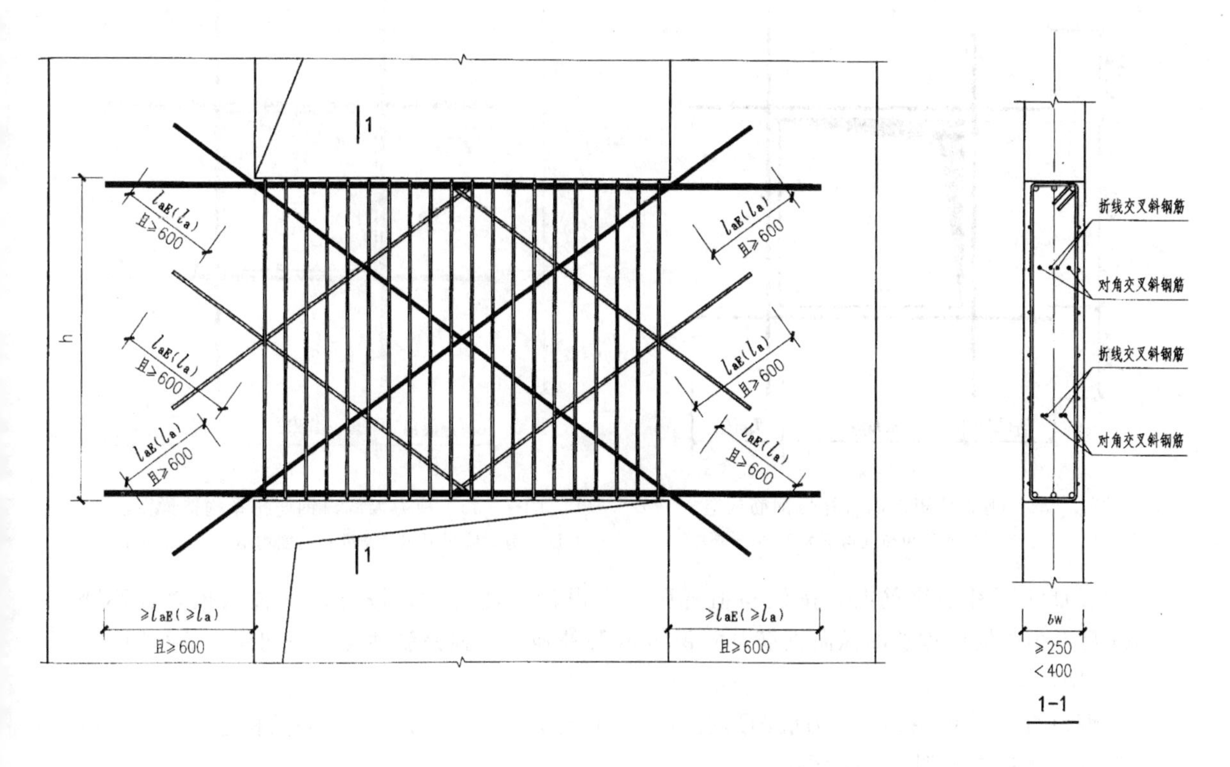

图 4-32　连梁交叉斜钢筋排布构造

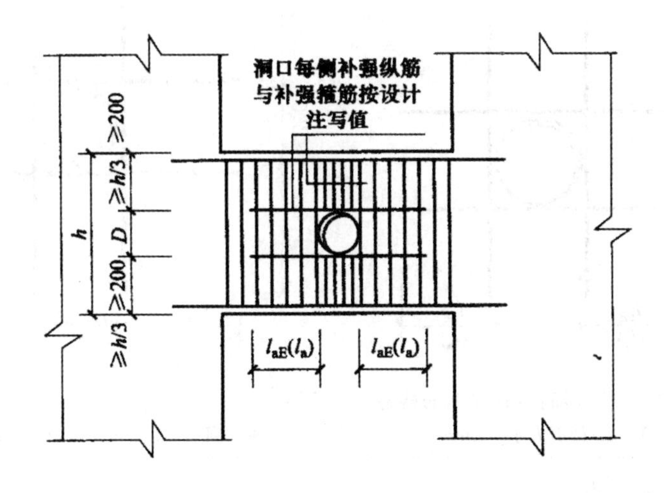

图 4-33　连梁中部圆形洞口补强钢筋构造

1）矩形洞口

矩形洞宽和洞高均不大于 800mm 时洞口补强纵筋的构造如图 4-34 所示，钢筋排布构造如图 4-35 所示。

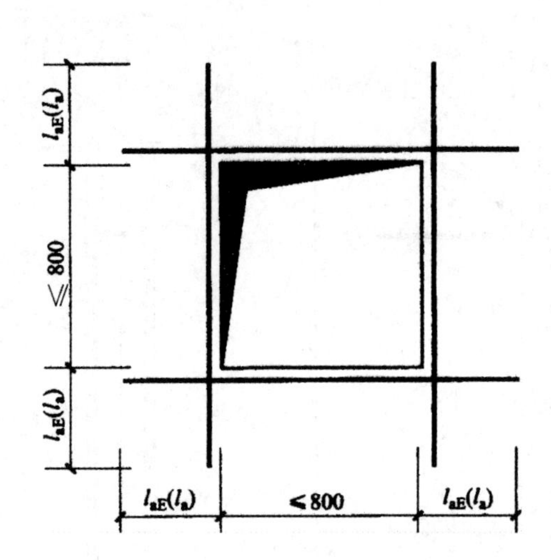

图 4-34 剪力墙矩形洞口补强钢筋构造

注 剪力墙矩形洞口宽度和高度均不大于 800mm。

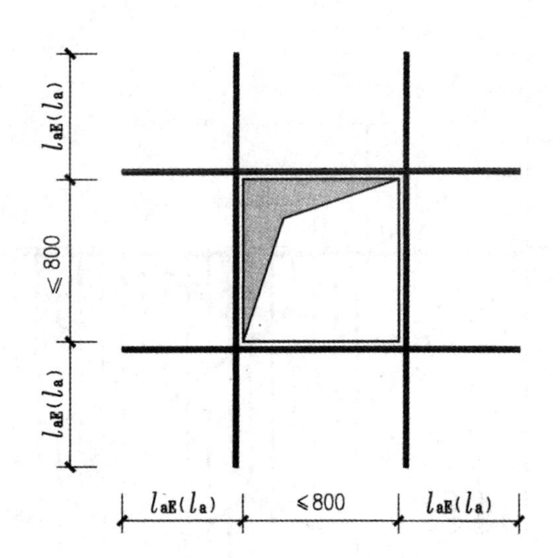

图 4-35 剪力墙洞口钢筋排布构造详图

注 剪力墙矩形洞口宽度和高度均不大于 800mm。

当设计注写补强纵筋时，按注写值补强；当设计未注写时，按每边配置两根直径不小于 12mm 且不小于同向被切断纵向钢筋总面积的 50%补强。补强钢筋种类与被切断钢筋相同。

2）圆形洞口

①洞口直径≤300mm。剪力墙圆形洞口直径不大于 300mm 时补强纵筋的构造如图 4-36 所示，钢筋排布构造如图 4-37 所示。

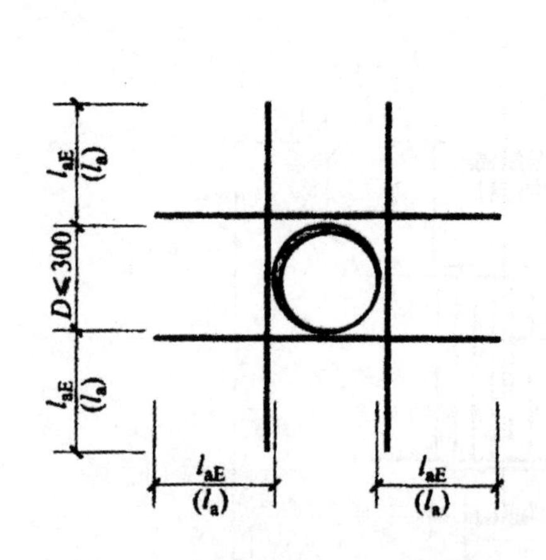

图 4-36 剪力墙圆形洞口补强钢筋构造

注 圆形洞口直径不大于 300mm。

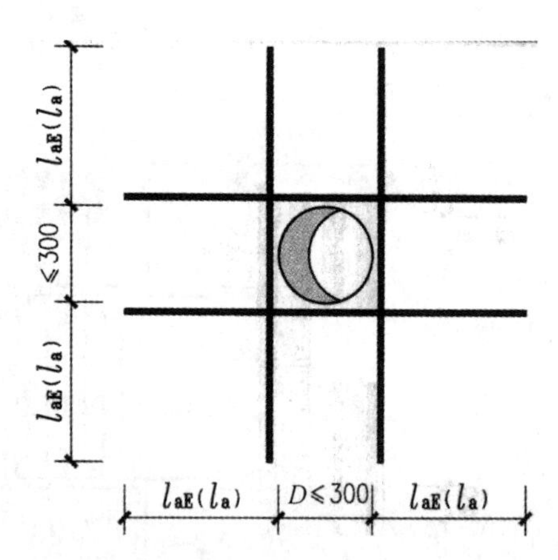

图 4-37 剪力墙圆形洞口钢筋排布构造

注 圆形洞口直径不大于 300mm。

洞口补强钢筋每边直锚 l_{aE}。

$$补强筋长度=D+2\times l_{aE}$$

②300mm<洞口直径≤800mm。剪力墙圆形洞口直径大于 300mm 且小于等于 800mm 时，补强纵筋的构造如图 4-38 所示，钢筋排布构造如图 4-39 所示。

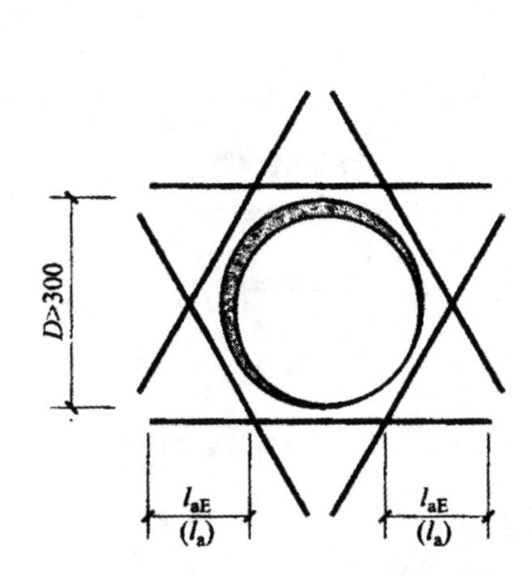

图 4－38 剪力墙圆形洞口补强钢筋构造

注 圆形洞口直径大于 300mm 且小于等于 800mm。

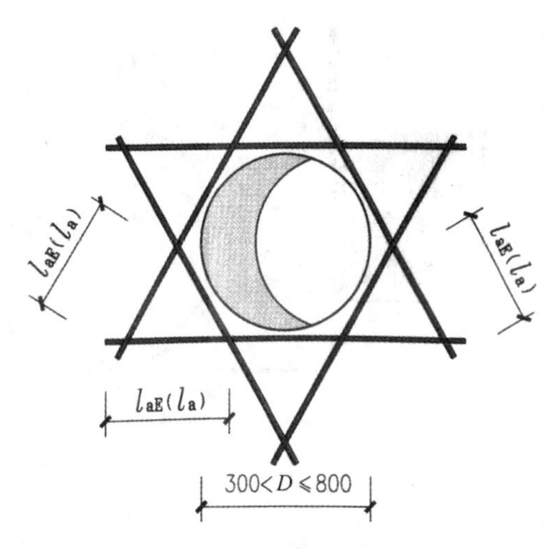

图 4－39 剪力墙圆形洞口钢筋排布构造

注 圆形洞口直径大于 300mm 且小于等于 800mm。

洞口补强钢筋每边直锚 l_{aE}。

补强钢筋长度＝正六边形边长 $a+2\times l_{aE}$(根据抗震要求计算)

③直径＞800mm。剪力墙圆形洞口直径大于 800mm 时补强纵筋的构造如图 4－40 所示，钢筋排布构造如图 4－41 所示。

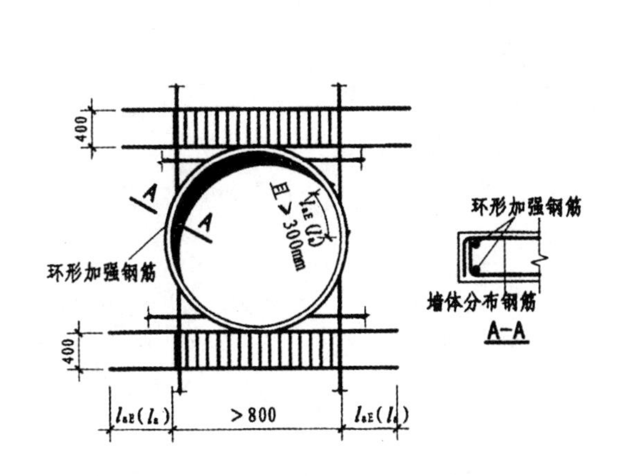

图 4－40 剪力墙圆形洞口补强钢筋构造

注 圆形洞口直径大于 800mm。

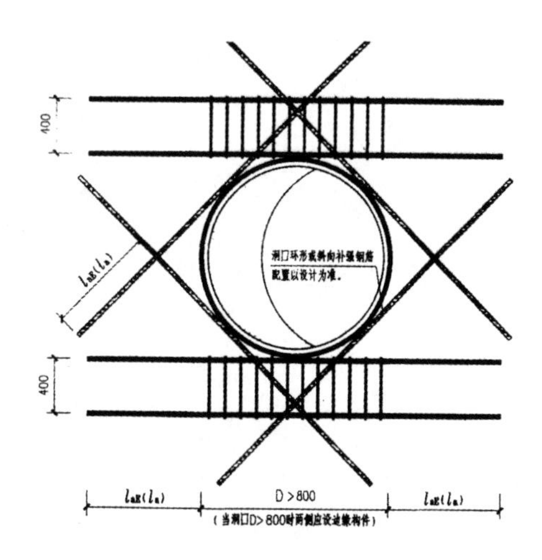

图 4－41 剪力墙圆形洞口钢筋排布构造

注 圆形洞口直径大于 800mm。

洞口上下补强暗梁配筋按设计标注。当洞口上边或下边为剪力墙连梁时，不再重复设置补强暗梁。

(3) 补强暗梁纵向钢筋构造

剪力墙圆形洞口直径大于 800mm 时补强纵筋的构造如图 4－42 所示，钢筋排布构造如图 4－43所示。

墙体分布钢筋延伸至洞口边弯折。洞口上下补强暗梁配筋按设计标注。当洞口上边或下边为剪力墙连梁时，不再重复设置补强暗梁。

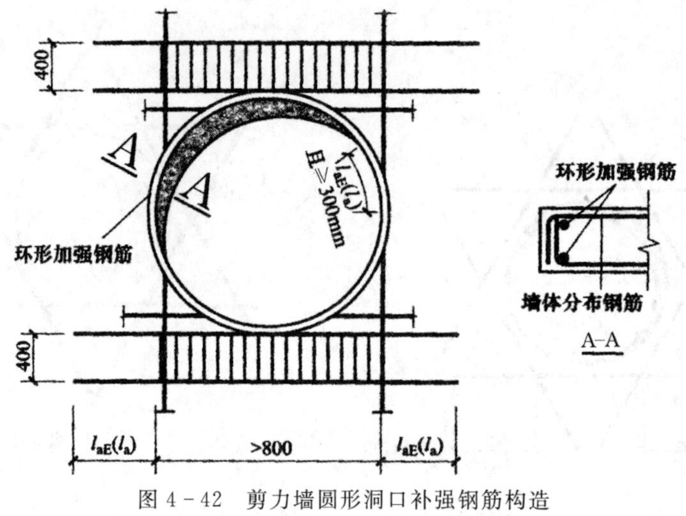

图 4－42　剪力墙圆形洞口补强钢筋构造

注　圆形洞口直径大于 800mm。

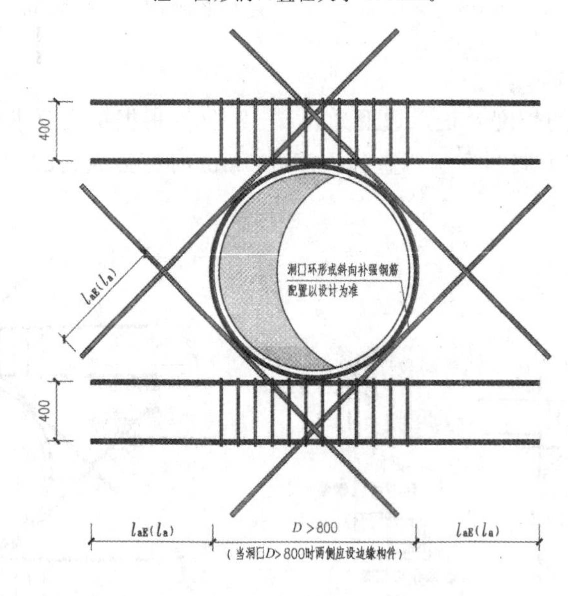

图 4－43　剪力墙圆形洞口钢筋排布构造

注　圆形洞口直径大于 800mm。

【实　　例】

【例 4－10】　LL1 钢筋计算图如图 4－44 所示。其中，混凝土强度等级为 C30，抗震等级为一级，求上、下部纵筋长度、箍筋长度及根数。

【解】

由混凝土强度等级 C30 和一级抗震，查表 1－1 得：墙钢筋混凝土保护层厚度 $c_{梁}$＝15mm。

上、下部纵筋长度＝净长＋两端锚固长度

锚固长度＝max(l_{aE},600)

＝max(34×25,600)

＝850mm

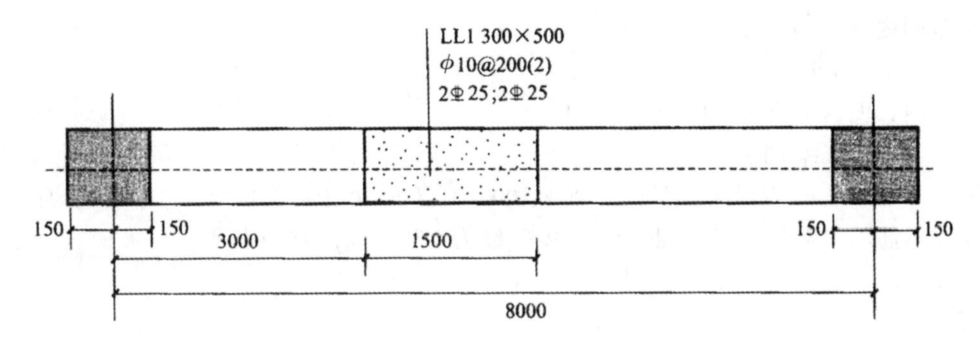

图 4-44 LL1 钢筋计算图

总长度＝1500＋2×850

＝3200mm

箍筋长度＝2×[(300－2×15－10)＋(500－2×15－10)]＋2×11.9×10

＝1678mm

箍筋根数＝(1500－2×50)/200＋1

＝8 根

【例 4-11】 LL2 钢筋计算图，如图 4-45 所示。其中，混凝土强度等级为 C30，抗震等级为一级，求上、下部纵筋长度、箍筋长度及根数。

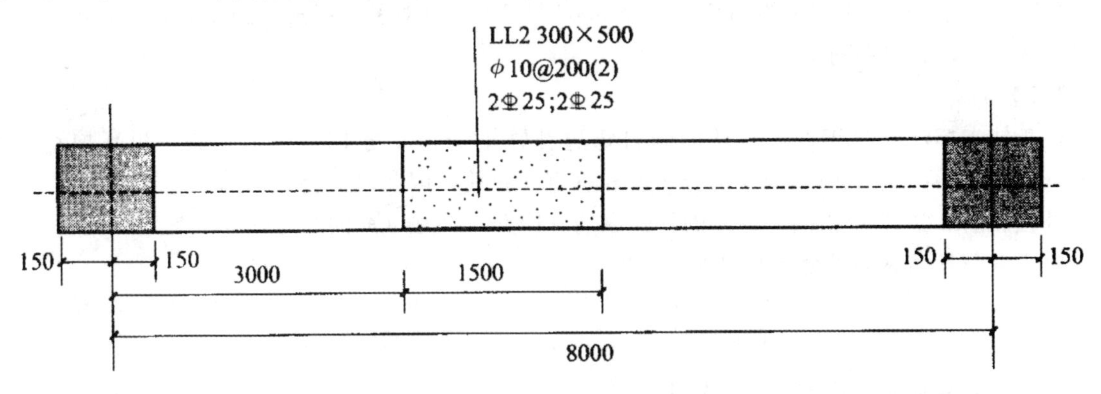

图 4-45 LL2 钢筋计算图

【解】

由混凝土强度等级 C30 和一级抗震，查表 1-1 得：墙钢筋混凝土保护层厚度 $c_{梁}$＝15mm。

上、下部纵筋长度＝净长＋两端锚固长度

锚固长度＝max(l_{aE},600)

＝max(34×25,600)

＝850mm

总长度＝1500＋2×850

＝3200mm

箍筋长度＝2×[(300－2×15－10)＋(500－2×15－10)]＋2×11.9×10

＝1678mm

箍筋根数：

洞宽范围内＝(1500－2×50)/200＋1

≈8 根

纵筋锚固长度内＝(850－100)/200＋1

≈5 根

【例 4-12】 洞口表标注为 JD2 700×700 3.100，其中剪力墙厚 300mm，墙身水平分布筋和垂直分布筋均为⌀ 12@250。混凝土强度等级为 C30，纵向钢筋 HRB400 级钢筋。计算补强纵筋的长度。

【解】

由于缺省标注补强钢筋，默认的洞口每边补强钢筋为 2 ⌀ 12，但是补强钢筋不应小于洞口每边截断钢筋（6 ⌀ 12）的 50%，即洞口每边补强钢筋应为 3 ⌀ 12。

补强纵筋的总数量应为 12 ⌀ 12。

水平方向补强纵筋长度＝洞口宽度＋2×l_{aE}

＝700＋2×40×12

＝1660mm

垂直方向补强纵筋长度＝洞口宽度＋2×l_{aE}

＝700＋2×40×12

＝1660mm

【例 4-13】 洞口表标注为 JD1 300×300 3.100，计算补强纵筋的长度。其中，混凝土强度等级为 C30，纵向钢筋 HRB400 级钢筋。

【解】

由于缺省标注补强钢筋，默认的洞口每边补强钢筋为 2 ⌀ 12，对于洞宽、洞高均不大于 300mm 的洞口不考虑截断墙身水平分布筋和垂直分布筋，因此以上补强钢筋无须进行调整。

补强纵筋 2 ⌀ 12 是指洞口一侧的补强纵筋，因此，补强纵筋的的总数应该是 8 ⌀ 12。

水平方向补强纵筋长度＝洞口宽度＋2×l_{aE}

＝300＋2×40×12

＝1260mm

垂直方向补强纵筋长度＝洞口宽度＋2×l_{aE}

＝300＋2×40×12

＝1260mm

【例 4-14】 洞口表标注为 JD5 1800×2100 1.800 6 ⌀ 20 ϕ8@150，其中，剪力墙厚为 300mm，混凝土强度等级为 C25，纵向钢筋为 HRB400 级钢筋，墙身水平分布筋和垂直分布筋均为⌀ 12@250。计算补强纵筋的长度。

【解】

补强暗梁的纵筋长度＝1800＋2×l_{aE}

＝1800＋2×40×20

＝3400mm

每个洞口上下的补强暗梁纵筋总数为 12 ⌀ 20。

补强暗梁纵筋的每根长度为 3400mm。

但补强暗梁箍筋只在洞口内侧 50mm 处开始设置，所以

一根补强暗梁的箍筋根数＝(1800－50×2)/150＋1

≈13 根

一个洞口上下两根补强暗梁的箍筋总根数为 26 根。

箍筋宽度＝300－2×15－2×12－2×8

＝230mm

箍筋高度为 400mm，则

箍筋的每根长度＝(230＋400)×2＋26×8

＝1468mm

5

板构件钢筋计算

5.1 板上部贯通纵筋计算

常遇问题

1. 端支座为梁时板上部贯通纵筋如何计算？
2. 端支座为剪力墙时板上部贯通纵筋如何计算？

【计算方法】

◆板上部贯通纵筋的配筋特点

1）横跨一个或几个整跨。

2）两端伸至支座梁（墙）外侧纵筋的内侧，再弯直钩 $15d$；当直锚长度$\geqslant l_a$ 时可不弯折。

板上部贯通纵筋在端支座的构造如图 5－1 和图 5－2 所示，在中间支座及跨中的构造如图 5－3所示。

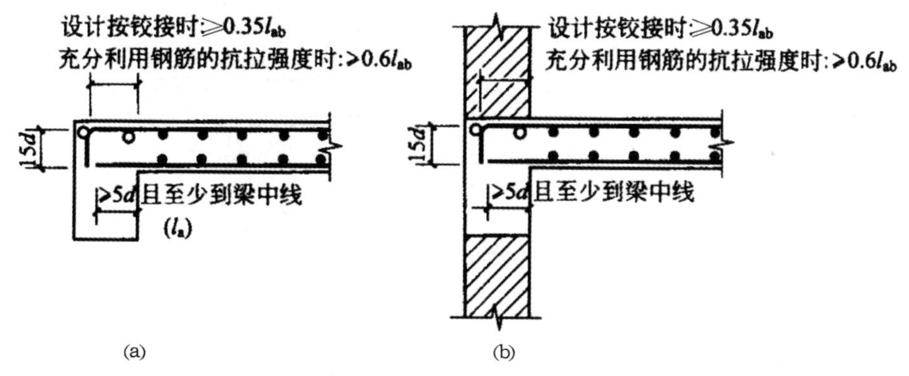

图 5－1 板上部贯通纵筋在端支座的构造（一）

（a）板端支座为梁；（b）板端支座为圈梁

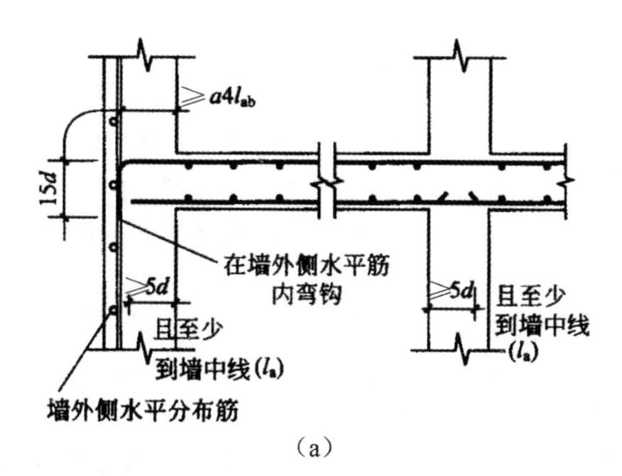

图 5－2 板上部贯通纵筋在端支座的构造（一）

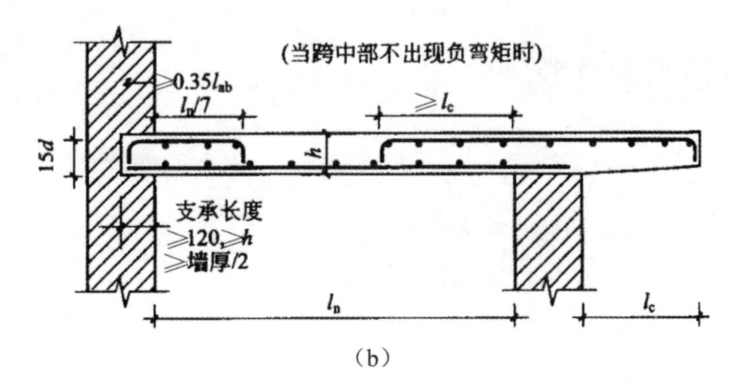

(b)

图 5－2　板上部贯通纵筋在端支座的构造（二）

(a) 端部支座为剪力墙；(b) 端部支座为砌体墙

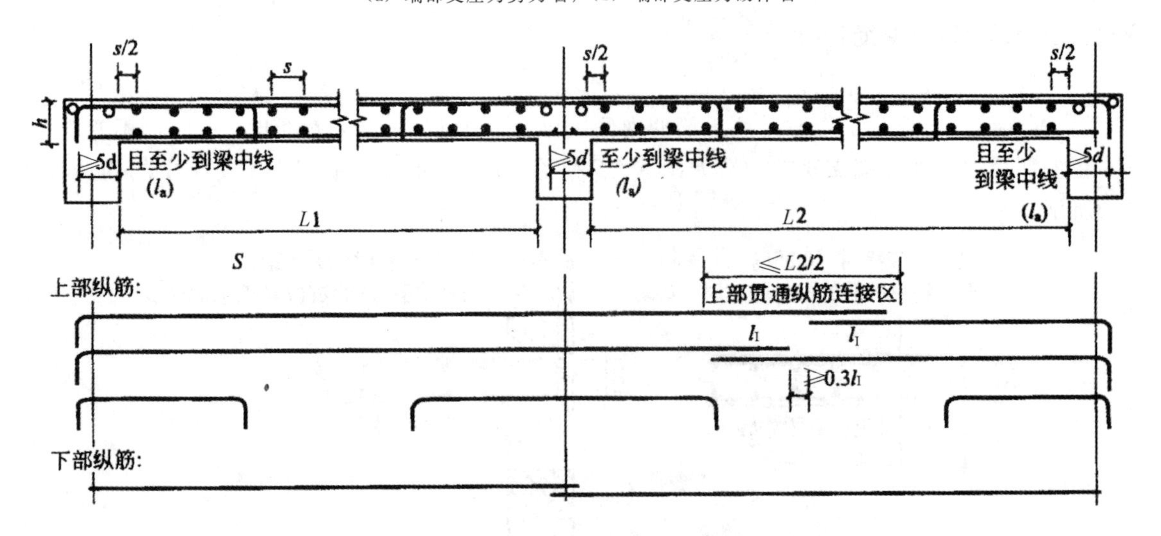

图 5－3　板上部贯通纵筋在中间支座及跨中的构造

注　s 为板筋间距。

◆端支座为梁时板上部贯通纵筋的计算

(1) 计算板上部贯通纵筋的根数

按照 11G101－1 图集的规定，第一根贯通纵筋在距梁边为 1/2 板筋间距处开始设置。这样，板上部贯通纵筋的布筋范围就是净跨长度。

在这个范围内除以钢筋的间距，所得到的“间隔个数”就是钢筋的根数。

(2) 计算板上部贯通纵筋的长度

板上部贯通纵筋两端伸至梁外侧角筋的内侧，再弯直钩 15d；当直锚长度≥l_a 时可不弯折。具体的计算方法如下：

1) 先计算直锚长度＝梁截面宽度－保护层厚度－梁角筋直径。

2) 若直锚长度≥l_a 时可不弯折；否则弯直钩 15d。

以单块板上部贯通纵筋的计算为例：

板上部贯通纵筋的直段长度＝净跨长度＋两端的直锚长度

◆端支座为剪力墙时板上部贯通纵筋的计算

(1) 计算板上部贯通纵筋的根数

按照11G101-1图集的规定，第一根贯通纵筋在距墙边为1/2板筋间距处开始设置。这样，板上部贯通纵筋的布筋范围就是净跨长度。

在这个范围内除以钢筋的间距，所得到的“间隔个数”就是钢筋的根数。

(2) 计算板上部贯通纵筋的长度

板上部贯通纵筋两端伸至剪力墙外侧水平分布筋的内侧，弯锚长度为l_a。具体的计算方法如下：

1) 先计算直锚长度=墙厚度-保护层厚度-墙身水平分布筋直径。

2) 再计算弯钩长度=l_a-直锚长度。

以单块板上部贯通纵筋的计算为例：

板上部贯通纵筋的直段长度=净跨长度+两端的直锚长度

【实　　例】

【例5-1】 如图5-4所示，板LB1的集中标注为：

LB1　h=100

B:X&Yϕ8@150

T:X&Yϕ8@150

这块板LB1的尺寸为7500mm×7000mm，X方向的梁宽度为300mm，Y方向的梁宽度为250mm，均为正中轴线。X方向的KL1上部纵筋直径为25mm，Y方向的KL2上部纵筋直径为22mm，梁箍筋直径为10mm。混凝土强度等级C25，二级抗震等级。计算该板的上部贯通纵筋。

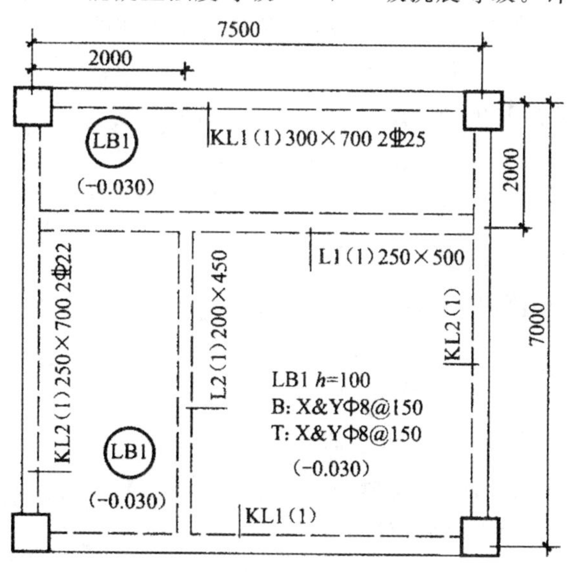

图5-4　板LB1示意图

【解】

梁纵筋保护层厚度=梁箍筋保护层厚度+梁箍筋直径

=20+10

=30mm

(1) LB1 板 X 方向的上部贯通纵筋长度

1) 支座直锚长度=梁宽-纵筋保护层厚度-梁角筋直径

=250-30-22

=198mm

2) 上部贯通纵筋的直段长度=净跨长度+两端的直锚长度

=(7500-250)+198×2

=7646mm

(2) LB1 板 X 方向的上部贯通纵筋根数

板上部贯通纵筋的布筋范围=6450mm

X 方向的上部贯通纵筋根数=6450/150

=43 根

(3) LB1 板 Y 方向的上部贯通纵筋长度

1) 支座直锚长度=梁宽-纵筋保护层厚度-梁角筋直径

=300-30-25

=245mm

2) $l_a=30d$

$=30\times8$

$=240$mm

在 1) 计算出来的支座长度为 245mm，已经大于 l_a (240mm)，所以这根上部贯通纵筋在支座的直锚长度就取定为 240mm，不设弯钩。

3) 上部贯通纵筋的直段长度=净跨长度+两端的直锚长度

=(7000-300)+240×2

=7180mm

(4) LB1 板 Y 方向的上部贯通纵筋根数

板上部贯通纵筋的布筋范围=净跨长度

=7500-250

=7250mm

Y 方向的上部贯通纵筋的根数=7250/150

≈49 根

【例 5-2】 如图 5-5 所示，板 LB1 的集中标注为：

LB1　$h=100$

B:X&Y ⌀ 8@150

T:X&Y ⌀ 8@150

板 LB1 的尺寸为 7500mm×7000mm，X 方向的梁宽度为 320mm，Y 方向的梁宽度为 220mm，均为正中轴线。X 方向的 KL1 上部纵筋直径为 25mm，Y 方向的 KL5 上部纵筋直径为 22mm。混凝土强度等级为 C25，二级抗震等级。计算该板的上部贯通纵筋。

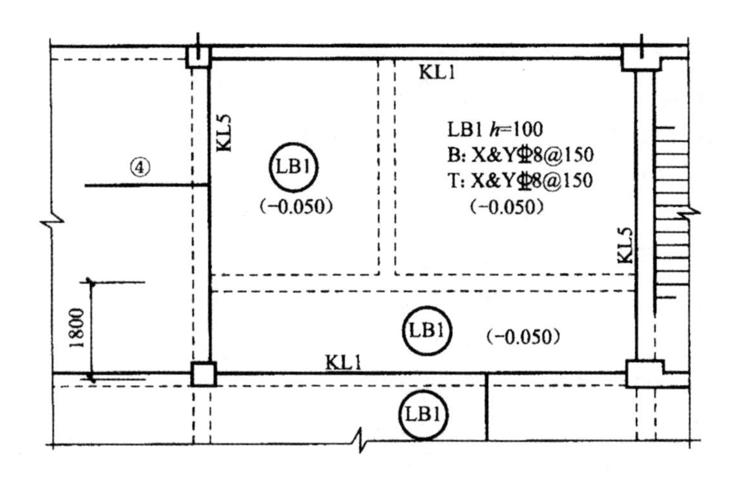

图 5-5 板 LB1 示意图

【解】

(1) LB1 板 X 方向的上部贯通纵筋的长度

1) 支座直锚长度＝梁宽－保护层厚度－梁角筋直径

＝220－25－22

＝173mm

2) 弯钩长度＝l_a－直锚长度

＝$27d$－173

＝27×8－173

＝43mm

3) 上部贯通纵筋的直段长度＝净跨长度＋两端的直锚长度

＝(7500－220)＋173×2

＝7626mm

(2) LB1 板 X 方向的上部贯通纵筋根数

1) 梁 KL1 角筋中心到混凝土内侧的距离＝25/2＋25

＝37.5mm

2) 板上部贯通纵筋的布筋范围＝净跨长度＋37.5×2

＝7000－320＋37.5×2

＝6755mm

3) X 方向的上部贯通纵筋根数＝6755/150

≈45 根

(3) LB1 板 Y 方向的上部贯通纵筋长度

1) 支座直锚长度＝梁宽－保护层厚度－梁角筋直径

＝320－25－25

＝270mm

2) 弯钩长度＝l_a－直锚长度

＝$27d$－270

＝27×8－270

＝－54mm

注 弯钩长度为负数，说明该计算是错误的，即此钢筋不应有弯钩。

在1）计算出来的支座长度为270mm，已经大于 l_a（27×8＝216mm），所以这根上部贯通纵筋在支座的直锚长度就取定为216mm，不设弯钩。

3）上部贯通纵筋的直段长度＝净跨长度＋两端的直锚长度

＝(7000－320)＋216×2

＝7112mm

（4）LB1板Y方向的上部贯通纵筋根数

1）梁KL5角筋中心到混凝土内侧的距离＝22/2＋25

＝36mm

2）板上部贯通纵筋的布筋范围＝净跨长度＋36×2

＝7500－220＋36×2

＝7352mm

3）Y方向的上部贯通纵筋的根数＝7352/150

≈49根

【例5-3】 如图5-6所示，板LB1的集中标注为：

LB1 h＝100

B:X&Yϕ8@150

T:X&Yϕ8@150

LB1板的尺寸为3800mm×7000mm，板左边的支座为框架梁KL1（250mm×700mm），板的其余三边均为剪力墙结构（厚度为300mm），在板中距上边梁2100mm处有一道非框架梁L1（250mm×450mm）。混凝土强度等级为C30，二级抗震等级。墙身水平分布筋直径为12mm，KL1上部纵筋直径为22mm，梁箍筋直径10mm。计算板上部贯通纵筋布置及根数。

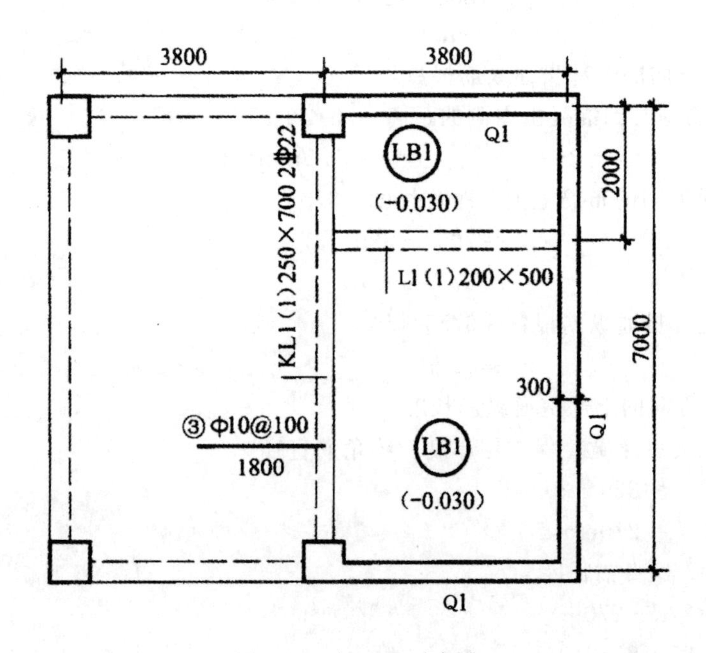

图5-6 板LB1示意图

【解】

(1) LB1 板 X 方向的上部贯通纵筋的长度

1) 由于左支座为框架梁、右支座为剪力墙，所以两个支座锚固长度分别计算。

左支座直锚长度＝梁宽－纵筋保护层厚度－梁角筋直径

＝250－30－22

＝198mm

右支座直锚长度＝墙厚度－保护层厚度－墙身水平分布筋直径

＝300－15－12

＝273mm

2) 由于在 1) 中计算出来的右支座直锚长度为 273mm，已经大于 l_a(30×8＝240mm)，所以这根上部贯通纵筋在右支座的直锚长度就取定为 240m，不设弯钩。

左支座直锚长度 (198mm) 小于 l_a (240mm)，所以

弯直钩＝15d

＝15×8

＝120mm

3) 上部贯通纵筋的直段长度＝净跨长度＋两端的直锚长度

＝(3800－125－150)＋198＋240

＝3963mm

(2) LB1 板 X 方向的上部贯通纵筋的根数

板上部贯通纵筋的布筋范围＝净跨长度

＝7000－300

＝6700mm

X 方向的上部贯通纵筋根数＝6700/150

≈45 根

(3) LB1 板 Y 方向的上部贯通纵筋长度

1) 左、右支座均为剪力墙，则

支座直锚长度＝墙厚度－保护层厚度－墙身水平分布筋直径

＝300－15－12

＝273mm

2) 由于在 1) 中计算出来的右支座直锚长度为 273mm，已经大于 l_a(30×8＝240mm)，所以这根上部贯通纵筋在右支座的直锚长度就取定为 240m，不设弯钩。

3) 上部贯通纵筋的直段长度＝净跨长度＋两端的直锚长度

＝(7000－150－150)＋240×2

＝7180mm

(4) LB1 板 Y 方向的上部贯通纵筋根数

板上部贯通纵筋的布筋范围＝净跨长度

＝3800－125－150

＝3525mm

Y 方向的上部贯通纵筋根数＝3525/150

≈24 根

【例 5－4】 如图 5－7 所示，板 LB1 的集中标注为

LB1 h＝100

B:X&Yϕ8@150

T:X&Yϕ8@150

LB1 是一块“刀把形”的楼板，板的大边尺寸为 3600mm×7000mm，在板的左下角有两个并排的电梯井（尺寸为 2400mm×4800mm）。该板上边的支座为框架梁 KL1（300mm ×700mm），右边的支座为框架梁 KL2（250mm×600mm），板的其余各边均为剪力墙（厚度为 300mm）。混凝土强度等级 C30，二级抗震等级。墙身水平分布筋直径为 12mm，KL2 上部纵筋直径为 22mm，梁箍筋直径 10mm。计算其上部贯通纵筋的布置及根数。

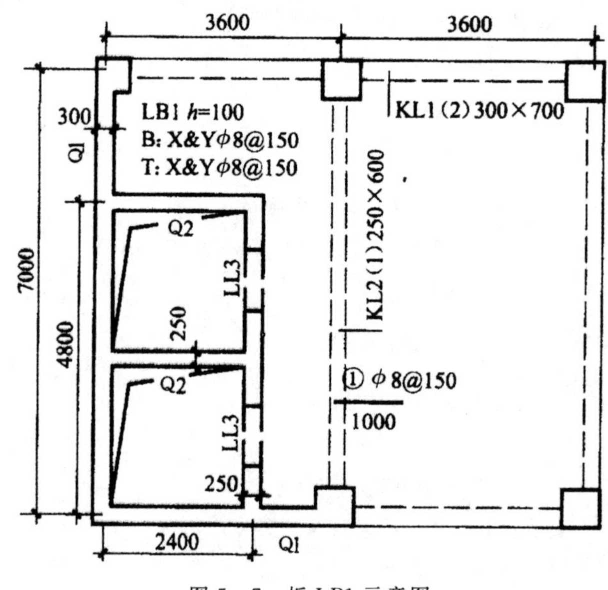

图 5－7 板 LB1 示意图

【解】

（1）X 方向的上部贯通纵筋计算

1）长筋

①钢筋长度计算

轴线跨度为 3600mm；左支座为剪力墙，厚度为 300mm；右支座为框架梁，宽度为 250mm。

左支座直锚长度＝l_a

＝30d

＝30×8

＝240mm

右支座直锚长度＝250－30－22

＝198mm

上部贯通纵筋的直段长度＝(3600－150－125)＋240＋198

＝3763mm

右支座弯钩长度＝15d

＝15×8

＝120mm

上部贯通纵筋的左端无弯钩。

②钢筋根数计算

轴线跨度为 2200mm；左端到 250mm 剪力墙的右侧；右端到 300mm 框架梁的左侧。

钢筋根数＝(2200－125－150)/150

≈13 根

2）短筋

①钢筋长度计算

轴线跨度为 1200mm；左支座为剪力墙，厚度为 250mm；右支座为框架梁，宽度为 250mm。

左支座直锚长度＝250－15－12

＝223mm

右支座直锚长度＝250－30－22

＝198mm

上部贯通纵筋的直段长度＝(1200－125－125)＋223＋198

＝1371mm

左、右支座弯钩长度均为 15d ＝15×8

＝120mm

②钢筋根数计算

轴线跨度为 4800mm；左端到 300mm 剪力墙的右侧；右端到 250mm 剪力墙的右侧。

钢筋根数＝(4800－150＋125)/150

≈32 根

注　上面算式“＋125”的理由：“刀把形”楼板分成两块板来计算长短筋，这两块板之间在分界线处应该是连续的。现在，1）③中的板左端算至“250mm 剪力墙”右侧以内 21mm 处，所以 2）②中的板右端也应该算至“250mm 剪力墙”右侧以内 21mm 处。

（2）Y 方向的上部贯通纵筋计算

1）长筋

①钢筋长度计算

轴线跨度 7000mm；左支座为剪力墙，厚度为 300mm；右支座为框架梁，宽度为 300mm。

左支座直锚长度＝l_a

＝30d

＝30×8

＝240mm

右支座直锚长度＝l_a

＝30d

＝30×8

＝240mm

上部贯通纵筋的直段长度＝(7000－150－150)＋240＋240

＝7180mm

上部贯通纵筋的两端无弯钩。

②钢筋根数计算

轴线跨度为1200mm；左支座为剪力墙，厚度为250mm；右支座为框架梁，宽度为250mm。

钢筋根数＝(1200－125－125)/150

≈7根

2）短筋

①钢筋长度计算

轴线跨度为2200mm；左支座为剪力墙，厚度为250mm；右支座为框架梁，宽度为300mm。

左支座直锚长度＝250－15－12

＝223mm

右支座直锚长度＝l_a

＝30d

＝30×8

＝240mm

上部贯通纵筋的直段长度＝(2200－125－150)＋240＋223

＝2388mm

上部贯通纵筋的左端弯钩120mm，右端无弯钩。

②钢筋根数计算

轴线跨度为2400mm；左支座为剪力墙，厚度为300mm；右支座为框架梁，宽度为250mm。

钢筋根数＝(2400－150＋125)/150

≈16根

5.2 板下部贯通纵筋计算

常遇问题

1. 端支座为梁时板下部贯通纵筋如何计算？
2. 端支座为剪力墙时板下部贯通纵筋如何计算？

【计算方法】

◆板下部贯通纵筋的配筋特点

1）横跨一个或几个整跨。

2）两端伸至支座梁（墙）的中心线，且直锚长度≥5d。包括以下两种情况之一：

①满足直锚长度≥5d 的要求，此时直锚长度已经大于1/2的梁厚（墙厚）。

②伸入支座的直锚长度为1/2的梁厚（墙厚），此时已经满足≥5d。

说明：板下部贯通纵筋在端支座的构造参看图5-1和图5-2，在中间支座的构造参看图5-3。

◆端支座为梁时板下部贯通纵筋的计算

（1）计算板下部贯通纵筋的根数

计算方法和前面介绍的板上部贯通纵筋根数算法是一致的，即按照11G101-1图集的规定，第一根贯通纵筋在距梁边为1/2板筋间距处开始设置。这样，板上部贯通纵筋的布筋范围就是净跨长度。

在这个范围内除以钢筋的间距，所得到的“间隔个数”就是钢筋的根数。

（2）计算板下部贯通纵筋的长度

具体的计算方法一般为：

1）先选定直锚长度＝梁宽/2。

2）再验算一下此时选定的直锚长度是否≥5d——如果满足“直锚长度≥5d”，则没有问题；如果不满足“直锚长度≥5d”，则取定5d 为直锚长度（实际工程中，1/2梁厚一般都能够满足“≥5d”的要求）。

以单块板下部贯通纵筋的计算为例：

板下部贯通纵筋的直段长度＝净跨长度＋两端的直锚长度

◆端支座为剪力墙时板下部贯通纵筋的计算

（1）计算板下部贯通纵筋的根数

计算方法和前面介绍的板上部贯通纵筋根数算法是一致的。

（2）计算板下部贯通纵筋的长度

具体的计算方法一般为：

1）先选定直锚长度＝墙厚/2。

2）再验算一下此时选定的直锚长度是否≥5d——如果满足“直锚长度≥5d”，则没有问题；如果不满足“直锚长度≥5d”，则取定5d 为直锚长度（实际工程中，1/2墙厚一般都能够满足“≥5d”的要求）。

以单块板下部贯通纵筋的计算为例：

板下部贯通纵筋的直段长度＝净跨长度＋两端的直锚长度

◆梯形板钢筋计算的算法分析

实际工程中遇到的楼板平面形状，少数为异形板，大多数为矩形板。

异形板的钢筋计算不同于矩形板。异形板的同向钢筋（X向钢筋）的钢筋长度各不相同，需要分别计算每根钢筋；而矩形板的同向钢筋（X向钢筋或Y向钢筋）的长度都是一样的，于是问题就剩下钢筋根数的计算。

仔细分析一块梯形板，可以划分为矩形板加上三角形板，于是梯形板钢筋的变长度问题就转化为三角形板的变长度计算（见图5-8）。而计算三角形板的变长度钢筋，可以通过相似三角形的对应边成比例的原理来进行计算。

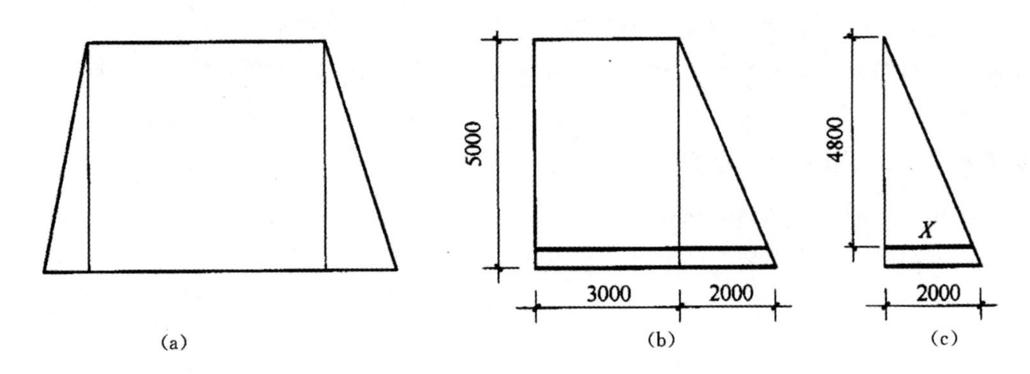

图 5-8 三角形板的变长度计算

算法分析：

例如，一个直角梯形的两条底边分别是 3000mm 和 5000mm，高为 5000mm。这个梯形可以划分成一个宽为 3000mm、高为 5000mm 的矩形和一个底边为 2000mm、高为 5000mm 的三角形。假设梯形的 5000mm 底边是楼板第一根钢筋的位置，这根 5000mm 的钢筋现在分解成 3000mm 矩形的底边和三角形的 2000mm 底边。这样，如果要计算梯形板的第二根钢筋长度，只需在这个三角形中进行计算即可。

相似三角形的算法如下：

假设钢筋间距为 200mm，在高为 5000mm、底边为 2000mm 的三角形，将底边平行回退 200mm，得到一个高为 4800mm、底边为 X 的三角形，这两个三角形是相似的，而 X 就是所求的第二根钢筋的长度（见图 5-8（c））。根据相似三角形的对应边成比例这一原理，有下面的计算公式：

$$X:2000=4800:5000$$

所以 $$X=2000\times4800/5000=1920\text{mm}$$

因此，梯形的第二根钢筋长度$=3000+X=3000+1920=4920$mm

根据这个原理可以计算出梯形楼板的第三根以及更多的钢筋长度。

【实　例】

【例 5-5】 如图 5-9 所示，板 LB1 的集中标注为：

LB1 $h=100$

B:X&Yϕ8@150

T:X&Yϕ8@150

这块板 LB1 的尺寸为 7500mm×7000mm，X 方向的梁宽度为 300mm，Y 方向的梁宽度为 250mm，均为正中轴线。混凝土强度等级 C25，二级抗震等级。计算该板的下部贯通纵筋。

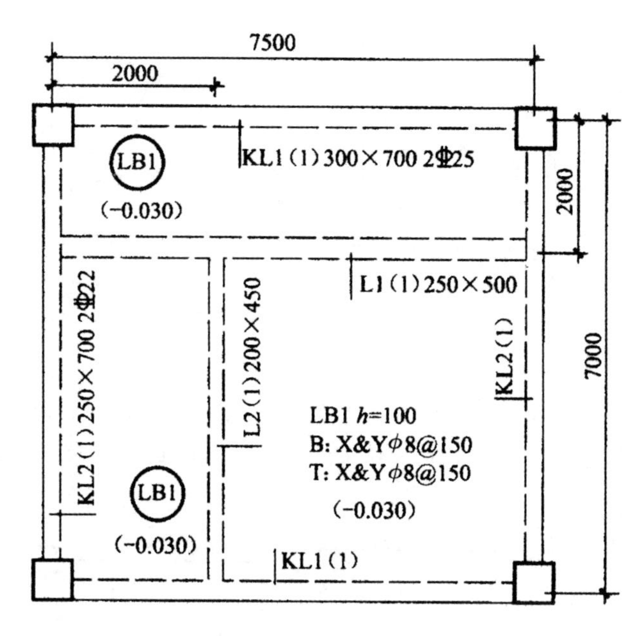

图 5-9 板 LB1 示意图

【解】

(1) LB1 板 X 方向的下部贯通纵筋长度

1) 直锚长度＝梁宽/2
＝250/2
＝125mm

2) 验算：$5d=5\times8=40$mm，显然，直锚长度＝125mm＞40mm，满足要求。

3) 下部贯通纵筋的直段长度＝净跨长度＋两端的直锚长度
＝(7500－250)＋125×2
＝7500mm

(2) LB1 板 X 方向的下部贯通纵筋根数

板下部贯通纵筋的布筋范围＝净跨长度
＝7000－300
＝6700mm

X 方向的下部贯通纵筋根数＝6700/150
≈45 根

(3) LB1 板 Y 方向的下部贯通纵筋长度

1) 直锚长度＝梁宽/2
＝300/2
＝150mm

2) 下部贯通纵筋的直段长度＝净跨长度＋两端的直锚长度
＝(7000－300)＋150×2
＝7000mm

(4) LB1 板 Y 方向的下部贯通纵筋根数

板下部贯通纵筋的布筋范围＝净跨长度

＝7500－250

＝7250mm

Y方向的下部贯通纵筋的根数＝7250/150

≈49根

【例5-6】 如图5-10所示，板LB1的集中标注为：

LB1，　h＝100

B：X&Y ⌀8@150

T：X&Y ⌀8@150

板LB1的尺寸为7300mm×7000mm，X方向的梁宽度为300mm，Y方向的梁宽度为250mm，均为正中轴线。混凝土强度等级为C25，二级抗震等级。计算该板的下部贯通纵筋。

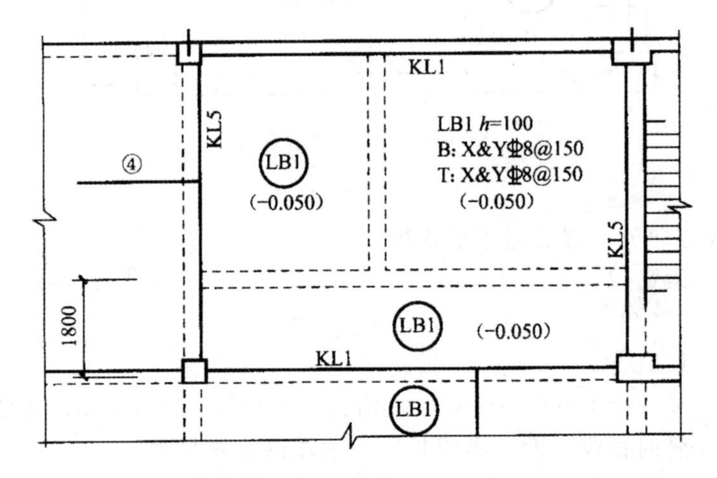

图5-10　板LB1示意图

【解】

(1) LB1板X方向的下部贯通纵筋的长度

1) 支座直锚长度＝梁宽/2

＝250/2

＝125mm

2) 验算：$5d=5\times8=40$mm，显然，直锚长度＝125mm＞40mm，满足要求。

3) 下部贯通纵筋的直段长度＝净跨长度＋两端的直锚长度

＝(7300－250)＋125×2

＝7300mm

(2) LB1板X方向的下部贯通纵筋根数

1) 梁KL1角筋中心到混凝土内侧的距离＝25/2＋25

＝37.5mm

2) 板下部贯通纵筋的布筋范围＝净跨长度＋37.5×2

＝7000－300＋37.5×2

＝6775mm

3）X 方向的下部贯通纵筋根数＝6775/150

≈46 根

（3）LB1 板 Y 方向的下部贯通纵筋长度

1）直锚长度＝梁宽/2

＝300/2

＝150mm

2）下部贯通纵筋的直段长度＝净跨长度＋两端的直锚长度

＝(7000－300)＋150×2

＝7000mm

（4）LB1 板 Y 方向的下部贯通纵筋根数

1）梁 KL5 角筋中心到混凝土内侧的距离＝22/2＋25

＝36mm

2）板下部贯通纵筋的布筋范围＝净跨长度＋36×2

＝7300－220＋36×2

＝7152mm

3）Y 方向的下部贯通纵筋的根数＝7152/150

≈48 根

5.3 扣筋计算

常遇问题

1. 扣筋计算的基本原理是什么？
2. 扣筋的计算过程包括哪些内容？

【计算方法】

◆扣筋计算的基本原理

扣筋的形状为“┌────┐”形，其中有两条腿和一个水平段。

（1）扣筋腿的长度与所在楼板的厚度有关。

1）单侧扣筋：扣筋腿的长度＝板厚度－15（可以把扣筋的两条腿都采用同样的长度）

2）双侧扣筋（横跨两块板）：扣筋腿 1 的长度＝板 1 的厚度－15

扣筋腿 2 的长度＝板 2 的厚度－15

（2）扣筋的水平段长度可根据扣筋延伸长度的标注值来进行计算。如果单纯根据延伸长度标注值还不能计算的话，则还要依据平面图板的相关尺寸来进行计算。下面，主要讨论不同情况下如何计算扣筋水平段长度的问题。

◆最简单的扣筋计算

横跨在两块板中的“双侧扣筋”的扣筋计算：

（1）双侧扣筋（单侧标注延伸长度）：表明该扣筋向支座两侧对称延伸

扣筋水平段长度＝单侧延伸长度×2

（2）双侧扣筋（两侧都标注延伸长度）：

扣筋水平段长度＝左侧延伸长度＋右侧延伸长度

◆需要计算端支座部分宽度的扣筋计算

单侧扣筋：[一端支承在梁（墙）上，另一端伸到板中]

扣筋水平段长度＝单侧延伸长度＋端部梁中线至外侧部分长度

◆贯通全悬挑长度的扣筋的计算

贯通全悬挑长度的扣筋的水平段长度计算：

扣筋水平段长度＝跨内延伸长度＋梁宽/2＋悬挑板的挑出长度－保护层厚度

◆横跨两道梁的扣筋的计算（贯通短跨全跨）

（1）仅在一道梁之外有延伸长度

扣筋水平段长度＝单侧延伸长度＋两梁的中心间距＋端部梁中线至外侧部分长度

式中

端部梁中线至外侧部分的扣筋长度＝梁宽度/2－梁纵筋保护层－梁纵筋直径

（2）在两道梁之外都有延伸长度

扣筋水平段长度＝左侧延伸长度＋两梁的中心间距＋右侧延伸长度

◆扣筋分布筋的计算

（1）扣筋分布筋根数的计算原则（见图 5－11（b））

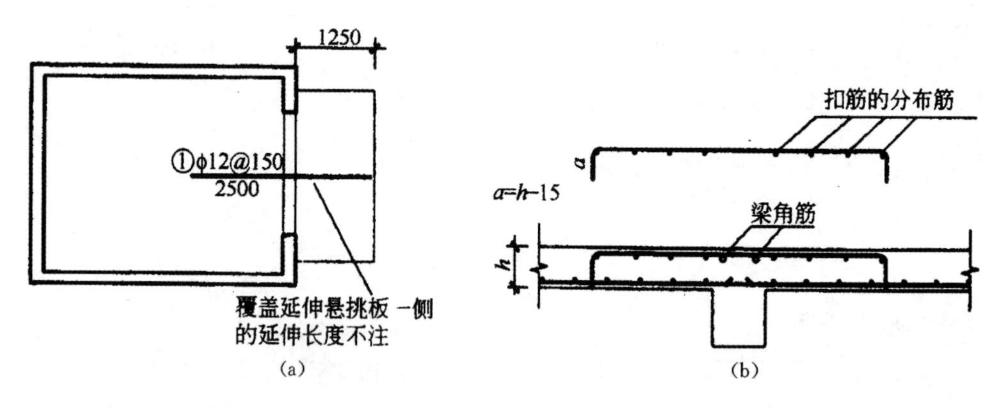

图 5－11　扣筋分布筋根数的计算

1）扣筋拐角处必须布置一根分布筋。

2）在扣筋的直段范围内按分布筋间距进行布筋。板分布筋的直径和间距在结构施工图的说明中应该有明确的规定。

3）当扣筋横跨梁（墙）支座时，在梁（墙）的宽度范围内不布置分布筋。也就是说，这时要分别对扣筋的两个延伸净长度计算分布筋的根数。

（2）扣筋分布筋的长度

1）扣筋分布筋的长度没必要按全长计算。有的人把扣筋分布筋的长度算至两端梁（墙）支座的中心线，那是错误的。由于在楼板角部矩形区域，横竖两个方向的扣筋相互交叉，互为分布筋，因此这个角部矩形区域不应该再设置扣筋的分布筋；否则，四层钢筋交叉重叠在一块，混凝土不能覆盖住钢筋。

2）扣筋分布筋伸进角部矩形区域的合适的长度。有的人认为，扣筋分布筋不需要伸进角部矩形区域。有的人认为，扣筋分布筋应该伸进角部矩形区域300mm的长度，其理由是：11G101－1图集规定“在任何情况下 l_l 不得小于300mm”。但是这种理由是站不住脚的，11G101－1图集的这个规定是对于“纵向受拉钢筋绑扎搭接长度”的规定，而分布钢筋不是受拉钢筋而是构造钢筋，因此不适用这条规定。

分布钢筋的功能类似于梁上部架立筋，不妨按梁上部架立筋的做法“搭接150mm”，即扣筋分布筋伸进角部矩形区域150mm。

（3）扣筋分布筋的形状

一种观点是：分布钢筋并非一点都不受力，因此HPB300钢筋做的分布钢筋需要加180°的小弯钩。另一种观点是：HPB300钢筋做的分布钢筋不需要加180°的小弯钩。

现在多数钢筋工的施工习惯是：HPB300钢筋做的扣筋分布筋是直形钢筋，两端不加180°的小弯钩。但是，单向板下部主筋的分布筋是需要加180°弯钩的。

◆一根完整的扣筋的计算过程

（1）计算扣筋的腿长。如果横跨两块板的厚度不同，则要分别计算扣筋的两腿长度。

（2）计算扣筋的水平段长度。

（3）计算扣筋的根数。如果扣筋的分布范围为多跨，也还是“按跨计算根数”，相邻两跨之间的梁（墙）上不布置扣筋。扣箍根数的计算用贯通纵筋根数的计算方法。

（4）计算扣筋的分布筋。

【实　　例】

【例5－7】 如图5－12所示，边梁KL2上的单侧扣筋①号钢筋

在扣筋的上部标注：①ϕ8@150

在扣筋的下部标注：1000

以上表示编号为①号的扣筋，规格和间距为 ϕ8@150，从梁中线向跨内的延伸长度为1000mm。计算扣筋水平段长度。

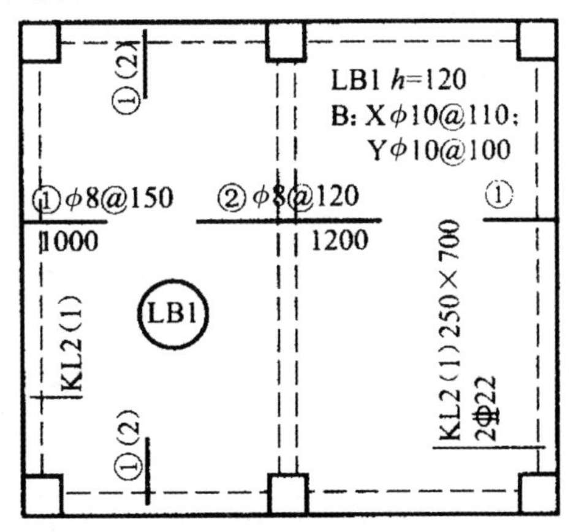

图5－12　边梁KL2

【解】

根据11G101－1图集规定的板在端部支座的锚固构造，板上部受力纵筋伸到支座梁外侧角筋的内侧，则

板上部受力纵筋在端支座的直锚长度＝梁宽度－梁纵筋保护层厚度－梁纵筋直径

端部梁中线至外侧部分的扣筋长度＝梁宽度/2－梁纵筋保护层厚度－梁纵筋直径

现在，边框架梁KL3的宽度为250mm，梁箍筋保护层厚度为20mm，梁上部纵筋直径为22mm，箍筋直径为10mm，则

扣筋水平长度＝1000＋(250/2－30－22)

＝1073mm

5.4 悬挑板钢筋计算

常遇问题

1. 悬挑板底筋如何计算？
2. 悬挑板上部纵筋如何计算？

【计算方法】

◆悬挑板底筋计算

悬挑板底筋计算简图如图5－13所示。

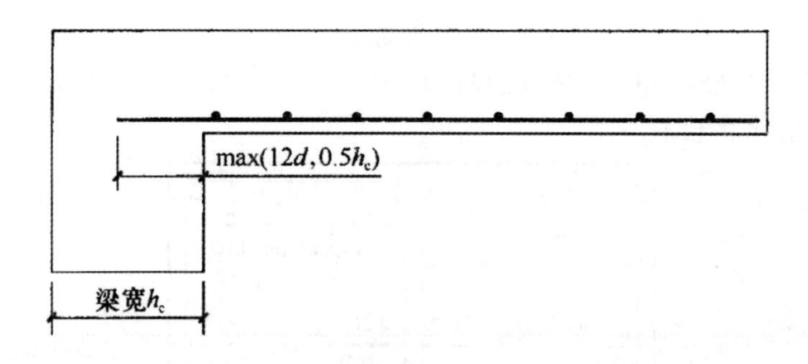

图5－13 悬挑板底筋计算简图

底筋长度＝板跨净长＋2×max(0.5h_c,12d)＋2×弯钩长度(底筋为HPB300级钢筋)

◆悬挑板上部纵筋计算

悬挑板上部纵筋计算简图如图5－14所示。

上部纵筋长度＝板跨净长＋l_a＋弯折(板厚－2×保护层厚度)＋5d

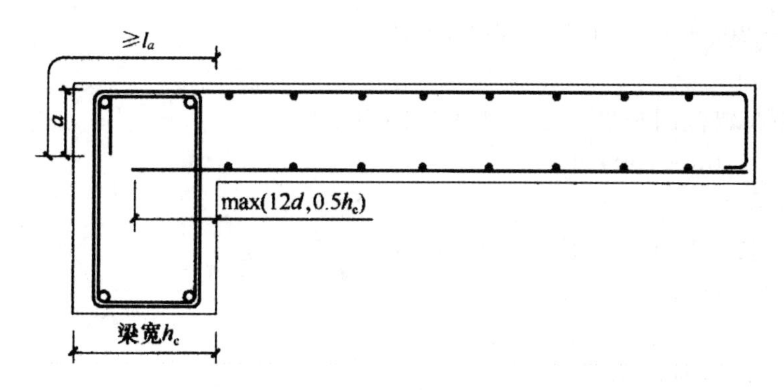

图 5-14 悬挑板上部纵筋计算简图

【实 例】

【例 5-8】 LB6 平法施工图如图 5-15 所示。求 LB6 及 XB1 的板底筋，其中，混凝土强度等级为 C30，抗震等级为一级。

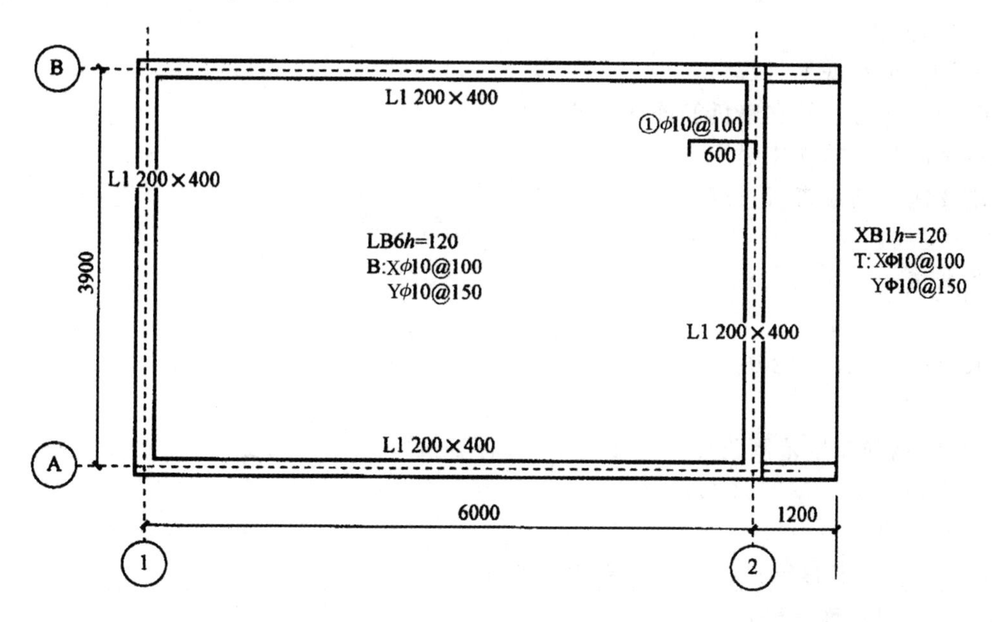

图 5-15 LB6 平法施工图

【解】

由混凝土强度等级 C30 和一级抗震，查表 1-1 得：梁钢筋混凝土保护层厚度 $c_{梁}$ = 20mm，板钢筋混凝土保护层厚度 $c_{板}$ = 15mm。

（1）LB6 的板底筋计算

Xϕ10@100：长度=净长+端支座锚固长度+弯钩长度

端支座锚固长度 $=\max(h_b/2,5d)$

$=\max(100,5\times10)$

$=100\text{mm}$

180°弯钩长度 $=6.25d$

总长＝6000－200＋2×100＋2×6.25×10

　　＝6125mm

根数＝(钢筋布置范围长度－起步距离)/间距＋1

　　＝(3900－200－100)/100＋1

　　＝37 根

Yϕ10@150：长度＝净长＋端支座锚固长度＋弯钩长度

端支座锚固长度＝max(h_b/2,5d)

　　＝max(100,5×10)

　　＝100mm

180°弯钩长度＝6.25d

总长＝3900－200＋2×100＋2×6.25×10

　　＝4025mm

根数＝(钢筋布置范围长度－起步距离)/间距＋1

　　＝(6000－200－2×75)/150＋1

　　≈39 根

(2) XB1 的板底筋计算

Xϕ10@100 与①号支座负筋连通布置

长度＝净长＋端支座锚固长度

左端支座负筋端弯折长度＝120－2×15

　　＝90mm

右端弯折＝120－2×15

　　＝90mm

总长＝600＋90＋1200－15＋90

　　＝1965mm

根数＝(钢筋布置范围长度－起步距离)/间距＋1

　　＝(3900－200－100)/100＋1

　　＝37 根

Yϕ10@150：长度＝净长＋端支座锚固长度

端支座锚固长度＝梁宽－c＋15d

　　＝200－20＋15×10

　　＝330mm

总长＝3900－200＋2×330

　　＝4360mm

根数＝(钢筋布置范围长度－起步距离)/间距＋1

　　＝(1200－100－75－150)/150＋1

　　≈7 根

【例 5－9】 某延伸悬挑板的集中标注为（见图 5－16（a））：

YXB1　h＝120/80

T：Xϕ8@180

这块延伸悬挑板上的原位标注为：在垂直于延伸悬挑板的支座梁上面一根非贯通纵筋，前端伸至延伸悬挑板的尽端，后端延伸到楼板跨内，楼板厚度为120mm。

在这根非贯通纵筋的上方注写：①ϕ12@150。

在这根非贯通纵筋的跨内下方注写延伸长度：2500mm。

在这根非贯通纵筋的悬挑端下方不注写延伸长度。

延伸悬挑板的端部翻边FB1为上翻边，翻边尺寸标注为60×300（表示该翻边的宽度为60mm，高度为300mm）。

这块延伸悬挑板的宽度为7500mm，悬挑净长度为1000mm，支座梁宽度为300mm。

计算这块延伸悬挑板的钢筋。

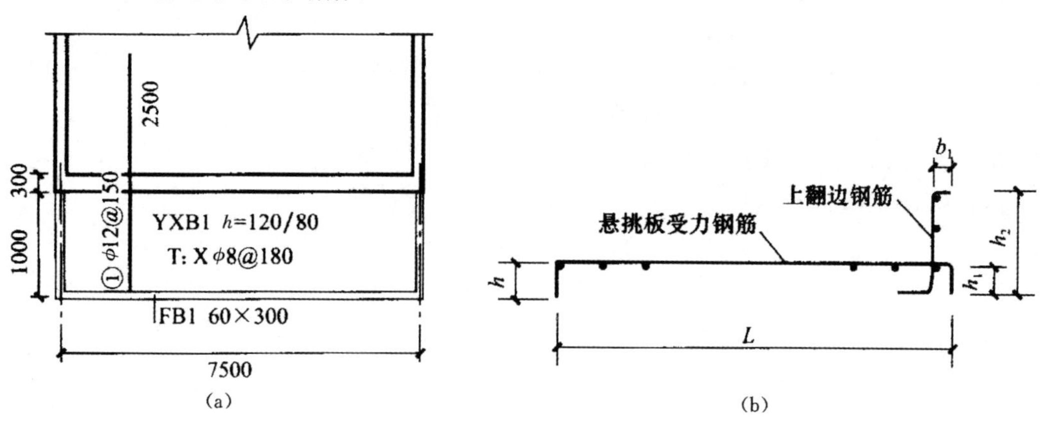

图5-16 延伸悬挑板

【解】

(1) 延伸悬挑板纵向受力钢筋

1) 纵向受力钢筋尺寸计算

钢筋水平段长度 L =2500+300/2+1000－15
=3635mm

跨内部分扣筋腿长度 h =120－15
=105mm

悬挑部分扣筋腿长度 h_1 =80－15
=65mm

2) 翻边钢筋尺寸计算

上翻边钢筋垂直段长度 h_2 =300+80－2×15
=350mm

翻边上端水平段长度 b_1 =60－2×15
=30mm

翻边下端水平段长度=l_a－(80－15)
=30×12－65
=295mm

上翻边钢筋每根长度=350+30+295
=675mm

3）纵向受力钢筋根数计算（翻边钢筋根数与之相同）

纵向受力钢筋根数＝(7500＋60－15×2)/100＋1

≈77 根

（2）延伸悬挑板横向钢筋

1）横向钢筋尺寸计算

横向钢筋长度＝7500＋60－2×15

＝7530mm

2）横向钢筋根数计算

“跨内部分”钢筋根数＝(2500－300/2－180/2)/180＋1

≈14 根

“悬挑水平段部分”钢筋根数＝(1000－180/2－15)/180＋2

≈7 根

上翻边部分的上端和中部钢筋根数：2 根

所以，横向钢筋根数＝14＋7＋2

＝23 根

6

板式楼梯钢筋计算

6.1　AT型楼梯钢筋计算

常遇问题

1. 以AT型楼梯为例，梯板下部纵筋及分布筋如何计算？
2. 以AT型楼梯为例，梯板低端上部纵筋（低端扣筋）及分布筋如何计算？
3. 以AT型楼梯为例，梯板高端上部纵筋（高端扣筋）及分布筋如何计算？

【计算方法】

◆下部纵筋

$$单根长度=梯段水平投影长度\times斜坡系数+2\times锚固长度$$

$$根数=\frac{梯板宽度-2\times保护层厚度}{间距}+1$$

$$水平投影长度=踏步宽度\times踏面个数$$

$$斜坡系数=\frac{\sqrt{b_s^2+h_s^2}}{b_s}$$

式中　b_s，h_s——踏步的宽度和高度。

$$锚固长度=\max(5d,b/2\times斜坡系数)$$

式中　b——支座的宽度。

对于分布筋，有

$$单根长度=梯板净宽-2\times保护层厚度$$

$$根数=\frac{L_n\times斜坡系数-间距}{间距}+1$$

◆梯板低端上部纵筋（低端扣筋）及分布筋

对于低端扣筋，有

$$单根长度=\left(\frac{L_n}{4}+b-保护层厚度\right)\times斜坡系数+15d+h-保护层厚度$$

根数同梯板下部纵筋计算规则。

对于分布筋，单根长度同底部分布筋计算规则。

$$根数=\frac{\frac{L_n}{4}\times斜坡系数-\frac{间距}{2}}{间距}+1$$

◆梯板高端上部纵筋（高端扣筋）及分布筋

与梯板低端上部纵筋类似，只是在直锚时

$$单根长度=\left(\frac{L_n}{4}+b-保护层厚度\right)\times斜坡系数+l_a+h-保护层厚度$$

式中　l_a——锚固长度。

【实　　例】

【例 6-1】 某楼梯结构平面图如图 6-1 所示，混凝土强度用 C30，求一个梯段板的钢筋量。

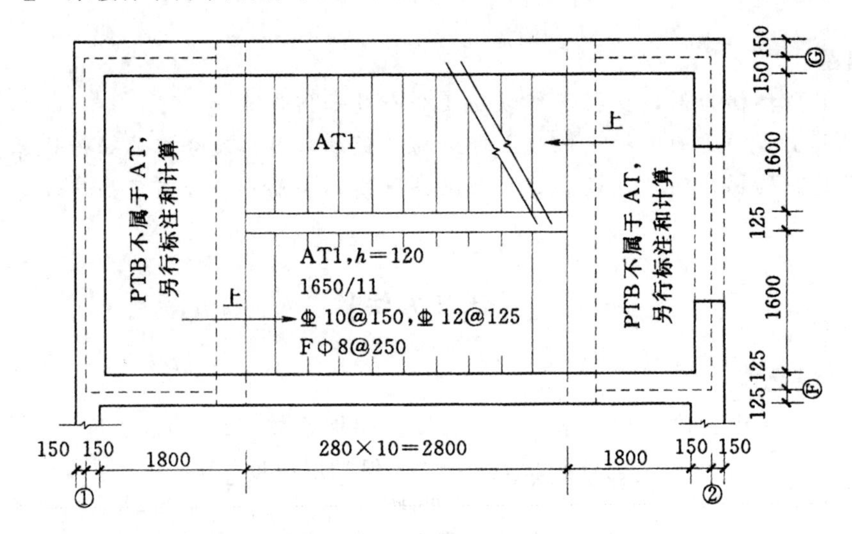

图 6-1　楼梯结构平面图

【解】

从图 6-1 可知，本梯段属于 AT 型楼梯，梯板厚为 120mm，踏步高 $h_s=1650/11=150$mm，低端和高端的上部纵筋为Φ 10@150，梯板底部纵筋为Φ 12@125，分布筋为 ϕ8@250，梯段净宽为 1600mm，梯段净长为 2800mm，踏步宽 $b_s=280$mm，本例中梯梁宽没有给出，此处假设梯梁宽 250mm，保护层厚为 20mm。

（1）梯段底部纵筋及分布筋

$$本楼梯的斜坡系数=\frac{\sqrt{b_s^2+h_s^2}}{b_s}$$

$$=\frac{\sqrt{280^2+150^2}}{280}$$

$$=1.134$$

对于梯段底部纵筋：

单根长度=梯段水平投影长度×斜坡系数+2×锚固长度

$$=2800\times1.134+2\times\max\left(5\times12,\ \frac{250}{2}\times1.134\right)$$

$$=3459\text{mm}$$

$$根数=\frac{梯板宽度-2\times保护层厚度}{间距}+1$$

$$=\frac{1600-2\times20}{125}+1$$

$$\approx14\ 根$$

对于分布筋：

$$单根长度=梯板净宽-2\times 保护层厚度$$
$$=1600-40$$
$$=1560mm$$

$$根数=\frac{L_n\times 斜坡系数-间距}{间距}+1$$
$$=\frac{2800\times 1.134-250}{250}+1$$
$$\approx 13\ 根$$

（2）梯板低端上部纵筋（低端扣筋）及分布筋

对于低端扣筋：

$$单根长度=\left(\frac{L_n}{4}+b-保护层厚度\right)\times 斜坡系数+15d+h-保护层厚度$$
$$=\left(\frac{2800}{4}+250-20\right)\times 1.134+15\times 10+120-20$$
$$=1305mm$$

$$根数=\frac{梯板宽度-2\times 保护层厚度}{间距}+1$$
$$=\frac{1600-2\times 20}{150}+1$$
$$\approx 12\ 根$$

对于分布筋：

$$单根长度=1560mm$$

$$根数=\frac{\frac{L_n}{4}\times 斜坡系数-\frac{间距}{2}}{间距}+1$$
$$=\frac{\frac{2800}{4}\times 1.134-\frac{250}{2}}{250}+1$$
$$\approx 4\ 根$$

（3）梯板高端上部纵筋（高端扣筋）及分布筋同（2）。

6.2　ATc 型楼梯配筋计算

常遇问题

1. ATc 型楼梯板配筋构造是如何规定的？
2. ATc 型楼梯配筋构造如何计算？

【计算方法】

◆ATc 型楼梯配筋构造

ATc 型楼梯配筋构造如图 6－2 所示。

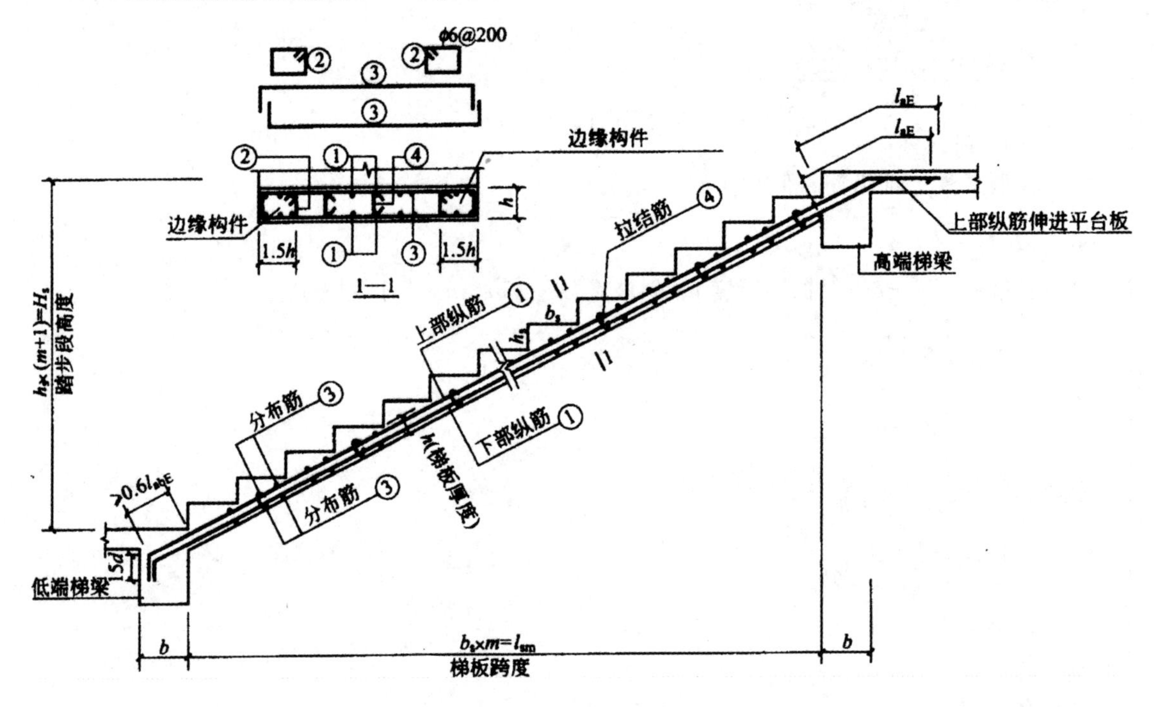

图 6－2　ATc 型楼梯板配筋构造

ATc 型楼梯板配筋构造：

ATc 型楼梯梯板厚度应按计算确定，且不宜小于 140mm，梯板采用双层配筋。

（1）踏步段纵向钢筋（双层配筋）

踏步段下端：下部纵筋及上部纵筋均弯锚入低端梯梁，锚固平直段“≥l_{aE}”，弯折段“15d”。上部纵筋需伸至支座对边再向下弯折。

踏步段上端：下部纵筋及上部纵筋均伸进平台板，锚入梁（板）l_{ab}。

（2）分布筋

分布筋两端均弯直钩，长度＝h－2×保护层厚度。

下层分布筋设在下部纵筋的下面；上层分布筋设在上部纵筋的上面。

（3）拉结筋

在上部纵筋和下部纵筋之间设置拉结筋 φ6，拉结筋间距为 600mm。

（4）边缘构件（暗梁）

设置在踏步段的两侧，宽度为“1.5h”。

暗梁纵筋：直径为 φ12 且不小于梯板纵向受力钢筋的直径；一、二级抗震等级时不少于 6 根，三、四级抗震等级时不少于 4 根。

暗梁箍筋：φ6@200。

【实　　例】

【例 6-2】 ATc3 的平面布置图如图 6-3 所示。混凝土强度为 C30，抗震等级为一级，梯梁宽度 b=200mm。求 ATc3 中各钢筋布置根数。

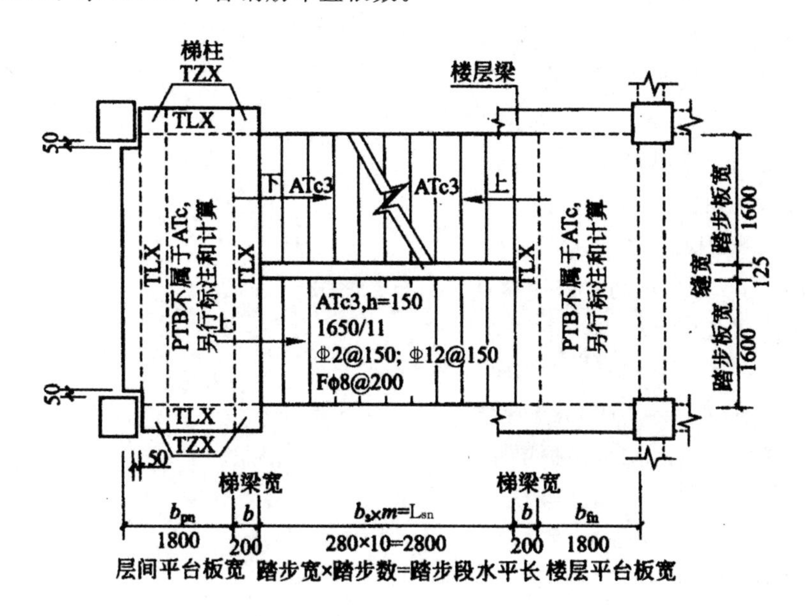

图 6-3　ATc 型楼梯平面布置图

【解】

(1) ATc3 楼梯板的基本尺寸数据

1) 楼梯板净跨度 l_{sn}=2800mm

2) 梯板净宽度 b_n=1600mm

3) 梯板厚度 h=120mm

4) 踏步宽度 b_s=280mm

5) 踏步总高度 H_s=1650mm

6) 踏步高度 h_s =1650/11

=150mm

(2) 计算步骤

1) 斜坡系数$=\dfrac{\sqrt{b_s^2+h_s^2}}{b_s}$

$=\dfrac{\sqrt{280^2+150^2}}{280}$

=1.134

2) 梯板下部纵筋和上部纵筋

下部纵筋长度=$15d+(b-$保护层厚度$+l_{sn})\times k+l_{aE}$

$=15\times12+(200-15+2800)\times1.134+40\times12$

=4045mm

下部纵筋范围$=b_n-2\times1.5h_s$

$=1600-3\times150$

$=1150$mm

下部纵筋根数$=1150/150$

≈8 根

本题的上部纵筋长度与下部纵筋长度相同：

上部纵筋长度=4045mm

上部纵筋范围与下部纵筋相同：

上部纵筋根数$=1150/150$

≈8 根

3）梯板分布筋（③号钢筋）的计算（“扣筋”形状）

分布筋的水平段长度$=b_n-2\times$保护层厚度

$=1600-2\times15$

$=1570$mm

分布筋的直钩长度$=h-2\times$保护层厚度

$=150-2\times15$

$=120$mm

分布筋每根长度$=1570+2\times120$

$=1810$mm

分布筋根数的计算：

分布筋设置范围$=l_{sn}\times k$

$=2800\times1.134$

$=3175$mm

分布筋根数$=3175/200$

≈16（这仅是上部纵筋的分布筋根数）

上下纵筋的分布筋总数$=2\times16$

=32 根

4）梯板拉结筋（④号钢筋）的计算

根据 11G101－2 第 44 页的注 4，梯板拉结筋 $\phi6$，间距为 600mm。

拉结筋长度$=h-2\times$保护层厚度$+2\times$拉筋直径

$=150-2\times15+2\times6$

$=132$mm

拉结筋根数$=3175/600$

≈6 根（这是一对上下纵筋的拉结筋根数）

每一对上下纵筋都应该设置拉结筋（相邻上下纵筋错开设置）。

拉结筋总根数$=8\times6$

=48 根

5）梯板暗梁箍筋（②号钢筋）的计算

梯板暗梁箍筋为 $\phi6@200$

箍筋尺寸计算（箍筋仍按内围尺寸计算）：

箍筋宽度＝1.5h－保护层厚度－2d

＝1.5×150－15－2×6

＝198mm

箍筋高度＝h－2×保护层厚度－2d

＝150－2×15－2×6

＝108mm

箍筋每根长度＝(198＋108)×2＋26×6

＝768mm

箍筋分布范围＝l_{sn}×k

＝2800×1.134

＝3175mm

箍筋根数＝3175/200

≈16（这是一道暗梁的箍筋根数）

两道暗梁的箍筋根数＝2×16

＝32 根

6）梯板暗梁纵筋的计算

每道暗梁纵筋根数为 6 根（一、二级抗震时），暗梁纵筋直径⌀ 12（不小于纵向受力钢筋直径）。

两道暗梁的纵筋根数＝2×6

＝12 根

本题的暗梁纵筋长度同下部纵筋：

暗梁纵筋长度＝4045mm

上面只计算了一跑 ATc 楼梯的钢筋，一个楼梯间有两跑 ATc 楼梯，两跑楼梯的钢筋要把上述钢筋数量乘以 2。

主要参考文献

［1］ 中国建筑标准设计研究院．混凝土结构施工图平面整体表示方法制图规则和构造详图（现浇混凝土框架、剪力墙、梁、板）（11G 101－1）［S］．北京：中国计划出版社，2011.

［2］ 中国建筑标准设计研究院．混凝土结构施工图平面整体表示方法制图规则和构造详图（现浇混凝土板式楼梯）（11G 101－2）［S］．北京：中国计划出版社，2011.

［3］ 中国建筑标准设计研究院．混凝土结构施工图平面整体表示方法制图规则和构造详图（独立基础、条形基础、筏形基础及桩基承台）（11G 101－3）［S］．北京：中国计划出版社，2011.

［4］ 中国建筑标准设计研究院．混凝土结构施工钢筋排布规则与构造详图（现浇混凝土框架、剪力墙、梁、板）（12G 901－1）［S］．北京：中国计划出版社，2012.

［5］ 中国建筑标准设计研究院．混凝土结构施工钢筋排布规则与构造详图（现浇混凝土板式楼梯）（12G 901－2）［S］．北京：中国计划出版社，2012.

［6］ 中国建筑标准设计研究院．混凝土结构施工钢筋排布规则与构造详图（独立基础、条形基础、筏形基础、桩基承台）（12G 901－3）［S］．北京：中国计划出版社，2012.

［7］ 国家标准．混凝土结构设计规范（50010—2010）［S］．北京：中国建筑工业出版社，2010.

［8］ 国家标准．建筑抗震设计规范（50011—2010）［S］．北京：中国建筑工业出版社，2010.

［9］ 上官子昌．11G 101 图集应用——平法钢筋算量［M］．北京：中国建筑工业出版社，2012.

图书在版编目（CIP）数据

例解钢筋计算方法/ 李守巨主编．—北京：知识产权出版社，2016.7

（例解钢筋工程实用技术系列）

ISBN 978-7-5130-4331-1

Ⅰ.①例… Ⅱ.①李… Ⅲ.①钢筋—配筋工程—计算方法 Ⅳ.①TU755.3

中国版本图书馆 CIP 数据核字（2016）第 170467 号

内容提要

本书根据《11G101－1》《11G101－2》《11G101－3》《12G901－1》《12G901－2》《12G901－3》六本最新图集及《混凝土结构设计规范》（GB 50010—2010）、《建筑抗震设计规范》（GB 50011—2010）编写，共分为六章，包括基础钢筋计算、梁构件钢筋计算、柱构件钢筋计算、剪力墙构件钢筋计算、板构件钢筋计算及板式楼梯钢筋计算。

本书内容丰富、通俗易懂、实用性强、查阅方便，可供设计人员、施工技术人员和工程造价人员及相关专业大中专的师生学习参考。

责任编辑：段红梅　刘　爽　　**责任校对**：谷　洋

封面设计：刘　伟　　**责任出版**：刘译文

例解钢筋工程实用技术系列

例解钢筋计算方法

李守巨　主编

出版发行：	知识产权出版社有限责任公司	**网　址**：	http：//www.ipph.cn
社　址：	北京市海淀区西外太平庄 55 号	**邮　编**：	100081
责编电话：	010－82000860 转 8125	**责编邮箱**：	39919393@qq.com
发行电话：	010－82000860 转 8101/8102	**发行传真**：	010－82000893/82005070/82000270
印　刷：	北京富生印刷厂	**经　销**：	各大网络书店、新华书店及相关专业书店
开　本：	787mm×1092mm　1/16	**印　张**：	11.25
版　次：	2016 年 7 月第 1 版	**印　次**：	2016 年 7 月第 1 次印刷
字　数：	288 千字	**定　价**：	38.00 元

ISBN 978-7-5130-4331-1